人生再痛也要
堅持美麗
COMMIT TO
BEAUTY

前言

愛美就是愛自己

　　套一句這一兩年的流行語，「愛美這條路踏上了，跪著也要走完。」自從 12 歲意識到保養的重要性後，我在愛美這條路上走了快 30 年，每一天不管工作多累、身體多不舒服，我都一定會確實仔細的卸妝、清潔、保養，從不曾懈怠過，因為我知道一個人一生中只擁有這一身的「皮衣」，若不好好保護照顧，可沒有別件可以替換；而我也知道，惟有珍視自己，才能讓自己更美！

　　美麗不能只靠外在，打從心裡的美善，才能帶來真正的力量。每個人的人生都是一則精彩的故事，在我的故事中，我曾是人生勝利組，但命運讓我痛徹心扉，從雲端跌落谷底，甚至憂鬱症纏身，萌生輕生念頭。幸運的是，我身邊的小天使把我拉回來了，讓我猛然覺醒——我要振作！人生只有一次，我應該要為自己、為愛我的人而活，如果連我都不愛自己，那誰會愛我呢？我了解人生沒有過不去的難關，只有過不去的心情，

日子再苦，也要勇敢撐下去，人生再痛，也要勇敢愛自己，堅持自己的美麗。

從第一本美妝保養書出版，到今天即將出版第四本，竟然已經過了十年！這十年間我就像神農嘗百草一樣，面對各種國內外美容新知、彩妝情報無不抱持著白老鼠的實驗精神，不論是蝸牛霜、蛇毒面膜、蜘蛛絲精華、蚯蚓酶、咬唇妝、氣墊粉餅……等各種全新趨勢，我都願意一試，可以說是「美妝成癮」了吧！其實這樣勇於嘗試、保持熱情的動力都來自於長期支持我的你們，因為想和你們分享最新發現、想告訴你們變美的必殺技、想提醒你們保養的小細節、想讓你們知道什麼產品 CP 值超高……等，我希望所有想變美的人都可以找到正確的方法，讓自己在愛美這條路上越走越有自信。

不論是美妝品或保養品，都會有不同品牌、不同價位的選擇，不可諱言的是有些產品貴的有價值，有些產品卻如同雞肋一般，也因為接觸醫美事業，更知道因應不同的膚質狀況、不同的季節，應該要搭配什麼樣的保養品輔助，這次書中介紹的產品是結合了我愛用多年的經典好物以及多方評比後得出的超值好物，不藏私地推薦我回購率百分百的美妝保養品，讓愛美的大家不用再多花時間、精力做功課研究，把時間省下來，花在實際保養上吧！

美麗，不是用來取悅別人，而是取悅自己。各位美人，準備好跟我一起「愛自己」了嗎？ Let's go～

Contents

Part 1

生命中的
各個過程

生命中的各個過程

對家的嚮往

　　原生家庭對我而言，一直是我生命中的幸運。在我童年的記憶裡，雖然爸媽經常吵架，但隨著時間推移，他們竟也相知相惜地走過了大半個世紀，我非常感謝他們盡全力維持這個家的完整。

　　小時候，爸媽正全力衝刺事業，而我與哥哥姊姊年紀相差十歲，因此，我的童年幾乎是自己一人成長，也造就了我獨立的個性。從小我就很有自己的想法，不想做的事情絕對不願意做，一直是爸媽眼中最不會唸書又最不聽話的小孩。而正因為小時候的不聽話，為人母親之後，我才了解父母親的偉大與辛苦，他們無怨無悔地付出，絕對是站在保護著你的立場為你考量、設想，他們所有顧慮、計較、甚至堅持的事，都只是為了你的幸福著想。因此現在每逢週末假日時，我總會將時間留給我最重要的家人。時常帶家人出國、安排各類聚會活動，有時出外郊遊踏青，悉心規劃一系列行程、出國放鬆心情。

　　我雖然不是聽話的孩子，但自認是個孝順的孩子，對於孝順爸媽這件事，我從來沒有鬆懈過，只要外出採買生活用品或吃到什麼精緻、特別的食物，從不會忘了和爸媽分享。

　　小時候獨立成長的背景讓我十分渴望組成自己的「圓滿家庭」，現在家中的廚房還特別裝潢成開放式的中島廚房，更託付著我期待的美滿家庭生活。我時常想像著在廚房為家人準備簡單日常的料理，孩子在身旁玩耍著，先生在中島廚房幫忙準備食材的溫馨畫面，那種對一般人來說再平常不過的小幸福，卻是我深深渴望、得來不易的事啊。

　　時常從朋友口中聽到，他們很羨慕我現在的生活，能擁有無比的自由，彈性的工作時間，但我心裡明白，我真正嚮往的只不過是當個單純平凡的賢妻良母，每天接送小孩上下學，煩惱著小孩的成長點滴、學校課業、晚餐該煮些什麼這種甜蜜的

生命中的各個過程

負荷，在意與家人之間相處的生活瑣事，而回家即能享受與家人間溫馨的歡樂時光。

幾次和朋友聚會，友人的小孩打電話來噓寒問暖，不論電話那頭是溫暖的關心或是家常的問答，那樣單純的幸福，都讓我好生羨慕。

躲不掉的演藝明星路

依稀記得在我 12、13 歲時，偶然的機緣下被星探發掘，陸續接了幾部廣告，成了小模特兒，也參與兒童劇及電視劇的演出，受邀拍了幾部電視劇，接著更是邀約不斷。從那時候起，便開始受到大家的關注，而小有名氣，自己也添了幾分自信與驕傲，也因此和演藝圈結了緣。國中時期的我是啦啦隊隊長，表現突出，自然成了學校裡的風雲人物，我的好朋友們紛紛開始叫我「大明星」，當時好玩的綽號，竟然成了我未來的工作預言，回頭想想，命運還真是有趣啊！

由於當時手上接的 CASE 太頻繁，爸媽觀念傳統保守，擔心我會因此影響到學校課業，加上哥哥、姊姊們都是優秀學府畢業的高材生，所以他們更希望我能先專注完成學業後，再做其他的規劃，於是他們阻擋了所有廠商的邀約，反對我進入演藝圈，更想盡辦法要讓我脫離這樣的環境，一切就在我來不及防備的狀況下，硬生生把我從舒適圈抽離，進而轉學到淡江中

生命中的各個過程

學就讀，人生地不熟外，又因為離家甚遠，還因此必須住校。當下的我，非常生氣爸媽未經過我的同意，擅自做了這樣的決定，雖然百般不願意，但一切早已成定局。當時髮禁嚴格，一直以來將頭髮視為第二生命的我，怎麼能忍受要將一頭長髮剪成清湯掛麵？為此，愛美的我甚至特別訂製了假髮，好面對學校的檢查，這一切都是為了維持少女心中美麗的個人形象。

　　就讀淡江中學的時間，仍有許多廠商打電話來邀約拍攝，最後爸媽決定快刀斬亂麻，他們知道單單台北與淡水的距離尚無法徹底斷絕與演藝圈的牽連，於是乾脆直接把我送到美國去唸書，讓我徹底遠離這五光十色的環境，這才讓我的演藝夢稍稍停擺。現在想想，老天開了我一個大玩笑，幾經波折，離了婚，繞了這麼一大圈，但我卻又回到了演藝圈。現在想想，我真的很感謝父母當時以強硬的方式將我送出國念書，並尊重我的興趣，讓我就讀藝術相關的科系，培養了我對美感的 sense。

傻愛讓人「婚」了頭

在感情這件事，年輕時期叛逆的我，並未聽從爸媽的話，也讓自己吃盡了苦頭。媽媽總告訴我「被愛才是幸福」，然而當時的我，卻一心只想找個「我愛的人」。直到自己也為人父母之後，才深深體會到「爸媽永遠是對的」這個道理。

在美國唸書那段時間，我認識了許多朋友，其中不乏真心待我、適合結婚的追求者，他對我呵護備至，縱使最後沒有進一步發展成男女朋友，我還是很感謝他讓我看見人性的善良與無私。

我在國外讀完藝術學校回台灣後，認識了已經結束前段婚姻的前夫，慢慢地開始接觸，甚至約會。

生命中的各個過程

　　那時初回國不懂世事、涉世未深的我，雖然早已耳聞他花名在外、與前妻糾紛不斷，身邊的朋友都大力勸阻我們的交往，但當時對方豐富的社會歷練加上口才流利，讓我一時被愛沖昏了頭，執著的傻愛，也讓我有了成家的憧憬，想就此安定下來，當個賢妻良母，在家相夫教子，擁有一個屬於自己的溫暖家庭，享受單純的幸福。於是，就在交往一年半後，不顧爸媽和周邊朋友的反對，我和他結婚了！

未曾想過的人生轉變

　　不出所料，我們的婚姻還是以破裂告終。我毅然決然地帶著小孩離開，帶著身上僅存的微薄積蓄，在情勢所逼的狀態下，我把我身邊能變賣的東西都拿去換現金，甚至是珍藏的唯一一個柏金包。而在遭逢這人生的變故中，我才意外地發現最保值的包包是柏金包，能以高額變現，稍微改善了當時我們母子的生活狀況，這也是為什麼在眾多包款中，我依舊對柏金包情有獨鍾的原因。

　　身旁的朋友總認為我會嫁入豪門，成為名媛貴婦，只是命運轉盤太奇妙，沒想過我的人生竟會是如此曲折！挫折來得太突然，太令人痛徹心扉，人說：「未經一事，不長一智。」只是沒想到這一智的開悟竟然要歷經這般慘烈的過程。現在的我已有很深刻的體會，不會再相信不切實際的甜言蜜語，而這些想法的轉變，都來自於我的婚姻經歷。

生命中的各個過程

過不了的憂鬱症

　　和前夫分居後，我獨自帶著小孩離開，生活頓時陷入了困境。從未想過人生會遭逢如此巨變，從雲端跌落谷底，我既自責又自卑、自怨又自憐，無法接受現實，人變得又消極又悲觀，有時又憤世嫉俗，甚至開始產生自殺念頭，每當我站上陽台，總想奮不顧身地跳下去；抽屜也早已備好從藥房逐次累積來的六十顆安眠藥。當時我已經忘記我身為母親的責任，只想擺脫這一切，我只想永遠睡著不要醒來。

　　有一次憂鬱症發作時，我躲在不開燈的房間裡，準備吞下六十顆安眠藥，忽然間，我聽見兒子呼喊我，當時他才一兩歲，用著不標準的聲音叫著「麻咪～麻咪～」他不知道怎麼從門外找到房間裡躲在陰暗角落啜泣的我，他用小手輕輕拍著我的肩膀，一樣叫著「麻咪～麻咪～」我瞬間崩潰大哭，我忽然驚醒過來，我抱著他對他說：「Baby, I am Sorry!」兒子在這一刻拉回了我，像是用他小小的手告訴我：「媽媽，You can make it!」

我驚覺我不該這麼做的，我身邊有個這麼可愛的小天使，我要
為他好好活著！

　　經過這一次，我才稍微從憂鬱症的低潮中學習控制自己的
情緒，我知道我沒有放棄的理由，為了小孩，我需要重新振作！

生命中的各個過程

我沒資格懦弱

當時租的小套房，狀況極差，老舊、簡陋，地板凹凸不平，也沒有附帶任何傢俱。但在預算有限的情況下，實在無法有太多喜好上的選擇。當時我特地到大賣場找特價傢俱，舉凡所有家裡的硬體、軟件等，購買時都經過精密比價，任何一塊錢，都必須花在刀口上。還記得，當時為了省下工錢和運送費用，我向爸爸借了車載貨，從搬運到組裝，全靠自己的力量獨力完成，完全不假他人之手。就連當時買的塑膠地板，也都是自己一片一片裁切，並用強力膠黏貼而成。在組裝鞋櫃時，從未使用過鐵鎚釘子的我，更不慎將釘子釘入手指頭，鮮血瞬間滲出，白色鞋櫃染成紅色鞋櫃，我只能忍痛將釘子拔出，簡單包紮後再繼續組裝……這些畫面至今我仍記憶猶新，當時那雙脫皮、流血、傷痕累累的雙手也提醒著我，一定要靠自己的力量迎接美好的明天。

　　從小被細心呵護的我，從來沒做過什麼苦差事，全家人都心疼我的處境，想伸出援手，但好強獨立的我還是勇敢地拒絕他們，一來不想讓他們擔心，二來是覺得自己活該，誰叫當初不聽勸。原本還以為自己無法撐過這段痛苦的時光，但我竟咬緊牙關，忍過了那段時間。能從一個嬌弱的女人蛻變為堅強的超人，至今我仍深深為自己感到驕傲，我想這就是「為母則強」吧！我永遠不會忘記這段辛苦的歲月，這也讓我重新思索，什麼才是對我來說最重要的，也更珍惜身邊對我好的家人、朋友，藉此好好把握每一份得來不易的情感！

生命中的各個過程

感謝貴人相助

　　當時乾姐在新竹科學園區從事半導體產業工作，她很清楚我的狀況，於是收留我到她的公司擔任業務，也給了我比正常薪資更高的薪水。當時台北、新竹間的交通仍不方便，還沒有高鐵南北接駁，上班通勤都必須到松山或台北車站再轉搭二個小時的電車到新竹，而從新竹車站到公司，還有一段不算短的距離。當時捨不得搭乘計程車，只因為一趟計程車的花費，就等同於我晚餐的餐費。於是選擇省錢的方式——走路或搭公車，也因此通勤時間拉很長，光是上下班時間就佔去了四、五個小時，每天早上大概五點到六點間出門，回家都已是半夜。也因為是責任制工作，努力跑了各大電子業客戶，邀約工程師碰面，抓緊機會推廣及介紹公司的產品。有時甚至為了接單，加班也無法避免，因此回家時間往往無法預測，回到家早已夜深，小孩也早已熟睡。這份工作持續了兩年，雖然生活漸漸穩定，但每天和小孩相處的時間卻少得可憐，未能陪伴他成長，所以我告訴自己不能再過如此的生活，決定找回台北的工作。

生命就此轉了彎

　　而在此時，有位朋友在台北開了服飾店，他邀請我去幫忙，而我在國外學的正是視覺效果設計，對美與時尚有一套自己的想法，這份工作正好是我的強項也是我的興趣。因此我決定離開新竹，投入自己熟悉的服裝產業。當時，也在友人的邀請下，時常參加派對，有一次受邀參加 DKNY 的開幕會，順勢穿上店裡的衣服，宣傳自家的服裝。正巧當時國內正流行國外派對主題，穿著打扮以歐美、時尚為主流，那天我穿著粉色長板蕾絲上衣繫上腰帶，並搭配帶有女人味的破洞牛仔褲、帶著手拿包，而這樣搶眼的裝扮，在派對上備受大家的關注，我也慢慢收到許多公關公司的邀請函，並常在 VOGUE、ELLE 等各大雜誌版面露出。也在這時，透過一位從事幕後工作的朋友的介紹，讓我有機會接觸到服裝造型的工作，也憑藉著自己的努力在比稿時獲得了導演、業主的肯定，展開了造型師的生涯。這段期間，

生命中的各個過程

我陸續接下了各種服裝造型的工作，包含多芬、MAN Q 等廣告造型，及電視劇《風中戰士》、《乒乓》的造型總監，以及電影《約會》、齊秦上海演唱會的造型總監等等。

　　同時，開始有許多電視節目會討論派對穿搭、時尚潮流等主題，我便時常受邀提供穿搭教戰法則，加上主題多元，舉凡像是日常服裝、鞋子、包包的搭配方式，及如何用最精打細算的方式來打造自己的獨特風格等，通告愈來愈多，讓我更常出現在螢光幕上，一切漸入佳境，而我自己也從素人角色轉變為藝人身份。

小孩和雙方家庭間的拉扯

　　這時我與前夫簽定了離婚協議，我將孩子的撫養權暫時交給他，但每個週末我都有探視的權利，孩子可以跟我回家一起生活。

　　因時常受邀上節目，知名度漸漸打開，我曾經在節目上提到前段婚姻的事，前夫認為我的敘述有損他的名譽，於是開始阻礙我和小孩見面，甚至把負面情緒遷怒到小孩身上。而原本我擁有週末探視的權利，他們竟也百般阻擋，用盡各種理由推托，不讓我和小孩依約定見面。

　　小孩上了小學後，前夫的母親更時常對小孩灌輸錯誤的想法，扭曲小孩對我的認知，久而久之，小孩也因此對我有了很深的誤會，也對我的工作產生負面的印象，總覺得媽媽的工作很丟臉。直到我接觸戲劇工作，演出了《光陰的故事》、《悄悄愛上你》、《紫玫瑰》……等劇，小孩才知道我的工作並不

生命中的各個過程

丟臉，才開始願意瞭解我的工作。由於他們極力阻擋我們見面，我只能默默去學校偷看他。學校老師們了解雙方家庭的處境，總會特別破例讓我和小孩在旁邊的空教室一起享用午餐，我時常帶著他最愛吃的餐點陪他吃飯，我珍惜著這樣的相處時光，享受著短暫卻極為可貴的天倫之樂。然而每一次的分開，也都百般不捨，多麼希望和小孩相聚的美好時光就這麼停留在這一刻。

然而前夫的母親知道了我去學校與小孩見面，便開始想方設法阻擋我。最後，我只能在放學接送小孩的時間，從警衛室窗戶默默看著小孩，好幾次找到機會要和小孩說說話、抱抱他，小孩開心之餘，卻也會擔心、顧慮著被奶奶責罵，看著孩子承受這樣的壓力，我心中真是萬分不捨與自責。

這段期間，也曾因為前夫冒用我的名字開票，導致我背了

一身債，半夜接到恐嚇電話，對方要脅要去學校擄走孩子；甚至也有過黑衣人直接到我經紀公司施壓的可怕事件。這些事情不論是在我出道前或出道後都曾發生過。由於這已經嚴重影響到我小孩的身心健康，孩子非常不安，我也很擔心他的安危，為了保護小孩，我把他帶回身邊，暫時不讓他去學校上課。我前夫的母親為此請了社工人員介入，告戒我沒有依規定讓小孩行使受教權。沒有想到在孩子遭受恐嚇威脅的不安時刻，對方卻只是想拆散我們母子。

生命中的各個過程

千里尋兒記

　　原本的規定是監護權共有，而我每週末都可探視孩子。但經過了這件事，由於前夫並沒有讓孩子在安全無虞的狀態下生活，我決定跟他打官司，爭取全權監護權。我擔心前夫會在打官司期間私自帶小孩出境，於是我特別到境管局通報，小孩的護照在我身邊，任何人要帶他出境都請該單位特別關注。

　　暑假結束後，我正開心可以去學校看小孩，沒想到，到了學校卻撲了空，老師告知小孩沒來學校註冊的消息。我像是無頭蒼蠅似的開始找小孩，甚至在社群軟體、無名部落格上發表尋兒文章，登了我和小孩的合照，請大家幫忙找找我的小孩，殷殷盼盼能夠順利找到，而這一找就是二年的時間。

　　在四方求助的混亂狀況中，輾轉得到一位友人的幫助，而得知我小孩可能在上海讀國際學校的消息。一方面高興有了小孩的蹤跡，而另一方面卻深感對政府機關的痛心失望。就在得

知此訊息的隔天，我立即飛往上海，等不及要和我的小孩見面。

　　到了學校，剛好是用餐時間，全校學生都穿著同樣制服，齊聚在禮堂吃飯，雖然我和孩子已經二年沒見面，但或許是出於母愛的本能，我竟能在近千名學生中一眼認出他。我雀躍地衝到他身旁大喊：「寶貝！媽媽終於找到你了！」我忍不住激動的情緒，緊緊擁抱著他，想起那段尋兒的艱苦過程，忍不住鼻酸。「媽咪，我知道有一天你一定會找到我的！」小孩的這句話，更讓我淚流不止，久久不能自己。當下，時間就像戲劇效果一樣靜止在這，我心中滿是無法言喻的感動！

　　因為前夫私自帶走小孩，我早已請律師協助處理，準備告他掠誘，找到孩子後，我只要求他能做到隨時讓我可以看小孩，我便不對他提告。但多數時間仍是得看前夫臉色才能看到小孩的狀況。

生命中的各個過程

孩子永遠是我的心頭肉

　　現代社會中單親家庭比例增加，家庭分裂為二，最辛苦的莫過於在夾縫中生存的孩子了。我將孩子交給前夫，而沒辦法參與小孩各階段的成長過程，這絕對是我人生除了嫁給我前夫之外，另一件後悔的決定。我常對我兒子說：「媽媽沒能給你一個完整的家庭，是我對你最大的虧欠。」我了解單親小孩必須獨自適應兩個家族迥異的相處模式，承戴學著在兩個家族間調整自己的說話方式，甚至必須隱藏真正的自己……

　　曾經孩子也因為夾在中間當夾心餅，與我講話的態度非常不好，我雖然傷心難過，但還是捨不得跟他生氣，那段時間，我還是堅持每個月飛到上海去看他，即使他對我表現臭臉、不耐煩，但我還是耐著性子，用卑微的姿態與他互動，只希望能多跟他說上幾句話。有時候待上一個禮拜還只能見到一兩次面而已，真的是很窩囊……但我從不放棄，這十幾年來我不曾放棄與兒子的親情，無論他對我態度如何，我對他的愛不曾改變，

也才換來兒子漸漸長大懂事，他自己可以判斷媽媽是不是真心愛他、真心為他付出，而不是被妖魔化的媽媽。

在這要特別感謝前夫當時的女朋友，她能站在一個母親的立場為我著想，在孩子對我有誤解時幫忙釐清，為孩子建立正確的觀念，她甚至為了我與前夫吵架，因為她認為母親看孩子是天經地義的事，前夫不應該阻攔。多虧了她，我才能重新與兒子建立好的關係，也因為她，兒子才能從與我的見面與互動中感到媽媽的愛，學會與我正常互動的方法，真的很感謝她。

這幾年，我與兒子的相處就像是朋友一樣，我也時常在微博和通訊軟體上分享我們的互動及生活點滴，也因為我心態上時時保持著一顆赤子之心，更能和小孩在同一頻率上，能了解小孩的想法與立場，由於小孩不擅於表達自己想法及對情感上的壓抑，也衍生許多有趣的情境對話。而我對小孩的教育觀念

生命中的各個過程

是不以成績決定一切，反倒是教育他凡事不一定要追求完美，而是盡其力就好，我給他很大的發揮空間，讓他擁有絕對的自由，不是被逼著唸書而喘不過氣。他常跟我說，同學們都很羨慕他媽媽對他的教育方式，他也很驕傲有這樣的媽媽。

心碎的母親

今年，前夫在未與我討論的情形下，就將小孩逕自送到美國德州唸高中，並透過兒子向我討學雜費。小孩長期被夾在父母的衝突當中，他不知所措又無可奈何，被逼著只能當他爸爸的傳令兵。我心疼兒子的處境，我告訴他：「你可以選擇不要介入，讓你爸爸直接找我。」但前夫卻置之不理，依然讓兒子傳話。

雖然已簽定離婚協議，但前夫多次違反協議，我都不曾與他計較，為了小孩的未來著想，一直以來我都願意為小孩支付生活學雜費，但這完完全全出自於我對他的關愛，願意栽培他，然而這樣的心意卻總被當成是無止盡的提款機，連最基本的尊重，都蕩然無存。

令我心碎的是，我不僅沒有參與討論的權利，連兒子要去住哪裡、唸哪裡、住宿的環境是否安全及小孩的聯繫方式等都

生命中的各個過程

不知道。就連要我付的錢也不清不楚，帳戶換來換去，支付學費的帳戶名稱不是學校或校方人士的帳戶，既沒有學費單，也沒有收據。

我對小孩的愛，並非僅僅只是建立在實質金錢上的支援，而是血濃於水的親情。但我不知道兒子能不能體會媽媽為了他所歷經的委屈，受盡了他爸爸的百般刁難及高傲姿態？

一想到孩子在出國唸書前，未能與最愛他的家人道別，而暑假我有跟前夫要求請他讓兒子去美國前，至少可以先回來跟家人相聚，前夫置之不理，兒子夾在中間也疲倦了，也就沒敢爭取回來看看愛他的家人，我滿腹的委屈與傷心終於爆發，於是在他出國前我們冷戰了一段時間，我寫了封信給兒子，我告訴他，為了他我忍受他爸爸對我太多不公平的對待，冷潮熱諷、抹黑指控，我的一切付出，都是為了他著想。他也許是太害怕

他爸爸，沒有勇氣為媽媽挺身而出，但至少可以向爸爸爭取和
媽媽會面的機會。

　　聖誕節前夕，我幫兒子買了回台灣的機票，希望他聖誕節
能回台灣見見愛他、關心他的家人們，我不斷鼓勵他要勇於主
動開口，爭取和媽媽相聚，只要他願意提出這樣的要求，沒有
誰能攔得住。值得欣慰的是，我的小孩長大了！他會多為媽媽
著想了，他能體會和家人相處時光的珍貴，這些年為孩子付出
的都值得了！

生命中的各個過程

對美的堅持

雖然現在的人生與年輕時的想像天差地別，除了藝人身份之外，我也另外從事房地產、星和醫美診所的投資事業，多重身份同時在執行，忙得不可開支，而目前醫美的連鎖事業也不斷在穩定擴展中，也讓我很欣慰。從藝人角色轉而從商，成本、利潤都必需經過仔細精算，完全是跨不同的領域，確實是另一種學習。

從小我就愛漂亮，愛看姊姊買的美妝、時尚雜誌，也時常偷玩媽媽的化妝品、偷穿媽媽的衣服，加上赴美求學時期，我所研讀的是藝術設計領域，國外的時尚流行趨勢一直都是我學習的方向，在這樣耳濡目染的環境下，我會精心搭配每日外出上課的穿著，也因此獲得不少教授同學的稱讚，更啟發我對美有著自己獨特的見解。

而心媚姊「女人我最大」節目通告邀約，開啟了我再度接觸演藝圈的機會。此節目正巧就是以保養、裝扮及讓女生變美

為訴求，也正是我一直以來所提倡的，我很感謝這個節目讓我
有機會能和大家分享保養和愛美的經驗談。而平常我私底下的
裝扮隨性休閒，最愛穿的是牛仔褲、棒球帽、運動外套及球鞋，
然而也會因應工作上需求，配合節目，改變自己的穿著打扮，
但無論如何，都要讓自己保持美的狀態。

　　讓自己變美的不二法門就是勤於保養，女生每天至少要保
留三十分鐘到一小時給自己，不管工作再疲累、回家再晚也別
偷懶，仍要花些時間寵愛自己。我每天回到家第一件事一定是
先卸妝、洗臉，接著導入精華液、上化妝水、安瓶或精華液……
再繼續做完基本保養，最後一到面霜或乳霜程序一定要做完，
才能鎖住前面所有的精華。同時按摩淋巴穴道，從脖子、肩膀
到黃金三角線，再加上塗抹身體乳液，每一個動作都不能馬虎，
即使忙於家事，也一定要時常敷臉保養，不能為自己的偷懶找
任何藉口，我可是幾乎天天敷臉喔！

生命中的各個過程

人生再痛也要勇敢

　　我從來不會因自己是藝人身份，而因此引以為傲，剛開始當藝人時，看盡了人情冷暖，被前輩刁難、無視早已不是什麼大不了的事，但為了求生存，仍必需忍耐，所經歷的這些心酸、難過的過程，才成就了現在堅強的我，不管遇到什麼狀況，都能平靜面對，保持樂觀的態度。

　　在經歷了一連串波折的人生故事，離婚風波、被詐騙集團詐騙的總總難關洗禮現在已由容易相信人，轉為更能明辨是非對錯，進而勇於面對這些不公平的事，雖然仍會 mur mur、心裡仍會碎念「怎麼又是我」，但也懂得用自嘲的方式來挖苦自己，並激勵自己「天將降大任於斯人也，必先苦其心志、勞其筋骨……」我了解人生種種的挫折必定有他發生的原因，反而能激發自己的無限潛能。 在成書過程中，前夫仍不斷要求我不准談論到他，但我想這是我的人生經歷，這些都是我走過這一遭的心情點滴。

　　人生在世總會承戴很多負面想法，但時時鼓勵自己是必須的！有兩句話影響我很深，第一句是：「意想不到之人，會發生意想不到之事，但也會有意想不到的成功。」第二句是：「忘與記，忘掉那些傷痛遠比記得難上太多。」忘了艱辛困苦歲月是困難的，心裡被封存的灰暗記憶，如影隨形，而除了自怨自艾之外，仍需咬著牙關，面對現實殘酷的考驗，等著艱困的時間點過去，更能淬鍊更好的自己。我常看勵志文章，也常發想一些話來鼓勵自己及朋友，更常在微博上寫些話激勵自己。因為經歷過人生的低潮，深深了解施比受更有福，我常與朋友相約參與社會公益，也時常為關懷老人的慈善活動站台捐款，探望失親兒、養老院，將正能量傳遞給更多人，我想藉由這些具體行動，鼓勵曾經經歷過波折、或正在經歷的朋友們，珍惜自己所擁有，更加寵愛自己，時時保持著正向思考，善用生活周邊隨手可得的快樂資源，讓快樂無限地良性循環！

與家人相聚是我最珍惜的時光。

愛跟兒子自拍的
幼稚媽咪～

全家人的美好回憶

My Family

工作時也要保持
活力與美麗！

47

工作滿滿！
拍戲、錄影、
出席活動～

和好友聚會時最
能療癒身心～

51

玲瓏心慈善姐妹會

各級獎學金

洪○嘉　陳○丞　王○　　滕○
陳○欽　謝○懦　郭○昀　劉○
廖○瑜　陳○澤　謝○涵　鄧○漢
賴○瑩　鄭○駿　林○屏　彭○豪
陳○　　陳○強　莊○宇　黃○庭
○○君　甘○欽　莊○慈　林○柔
○○璇　　　　　　　　陳○

玲瓏心慈善會

Share Love

Part 2

12歲燃起
的保養魂

Skin care's secret

觀念分享 / SHARING IDEAS

在台灣演藝圈，老吳是大家公認的好膚質，不是自說自誇唷！大家都問我皮膚怎麼可以保養的這麼好？別的我不敢說，說到保養，我可是付出非常非常多的時間、心力和金錢在這一塊喔！其實不難，只要你願意多花時間「愛自己」就可以達成喔！

老吳愛保養是眾所皆知，因為知道自己用量很大，所以總是精打細算，趁著出國在免稅商店或百貨折扣時大量採買，很多同學會問我：「囤這麼多保養品，不怕過期嗎？」當然怕呀！

　　但是保養品是消耗品，肯定會用到的，以老吳的使用習慣，不怕過期，只怕要用的時候沒有存貨，哈！但我都會標記購買日期及過期日期，這樣才知道要先使用哪一瓶，這可是我經歷幾次過期出清後得出來的慘痛心得喔！希望大家別跟我一樣啊！

　　趁這個機會公開老吳化妝保養品存放收納區，是不是很驚人啊？哈哈，別看他放得滿滿的，我可都是有分類的喔！在美妝保養這段路上我走了這麼多年，使用了各式形形色色的產品，可比這櫃子裡的還有多上好幾倍，但能留下來的，都是我親身試驗後留下的經典好物與超值好物，接下來就要完整在書中分享給大家，一起來變美吧！

清潔篇 / Clean

1 卸妝 CLEANSING

卸妝是為了讓肌膚恢復最原始的狀態,讓每個毛細孔、每吋肌膚能夠徹底深呼吸,可說是保養的第一步,也是我每天回家的第一件事。若沒有將彩妝卸除乾淨,就算敷上再多再好的保養品也無法被肌膚吸收喔!我時常看到年輕妹妹卸妝卸得漫不經心,甚至有時不卸妝就上床睡覺了!真的很把她們抓來打屁股,年輕肌膚雖然有修補復原能力,但老化速度是以倍數成長的,如果不在狀態好的時候認真做,等到發現細紋、斑點、暗沉時就來不及囉!因此,所有步驟都應該認真執行喔!

「卸妝產品」有許多種類,有油、有水、有乳、有露,該如何選擇呢?其實我都會使用喔!重點取決於「妝」的濃淡度。濃妝我會選擇卸妝油,淡妝則會使用卸妝水,眼部彩妝我一定會特別用眼脣卸妝液來卸除。卸完妝後,不管產品是否強調「洗卸兩用、免洗臉」,我還是會再用洗面乳仔細清潔,這樣才能徹底清潔、萬無一失喔! 有許多朋友都說使用卸妝油容易長粉

刺，其實可能原因之一是乳化過程不完整，還未將卸妝油徹底乳化便急著快速洗掉，彩妝還未溶解完成；可能原因之二是以卸妝油、霜、乳卸妝後，未進行洗臉的程序，導致臉上還殘留卸妝品。以上兩個原因都是卸妝不徹底的實例，把臉徹底洗乾淨是需要時間跟步驟的，一步一步請踏實完成，不要偷吃步喔！

analysis 卸妝產品分析

卸妝水、卸妝露

水狀，質地如水一般清爽，溫和低刺激，適用於油性肌膚及中性肌膚。一般淡妝如防曬乳、隔離霜，用卸妝水便已足夠，使用完清爽不緊繃；而就算沒化妝，面對外界的髒空氣與粉塵，回到家還是要用卸妝水去除髒汙。

卸妝霜、卸妝乳

乳霜狀，質地溫潤，可溶解全臉的彩妝、去除毛孔髒汙，適用於中性膚質或秋冬乾燥季節。

卸妝油

卸妝力最強，能迅速溶解防水眼妝及濃厚彩妝，遇水後乳化可清潔毛孔並帶走老廢角質，適用於中性肌膚及乾淨肌膚。

眼脣卸妝液

眼脣肌膚格外柔嫩，需要以專門的卸妝品卸除。油水分層能溫和卸除防水睫毛膏及不掉色脣彩，並讓眼脣肌膚保持水嫩，不造成多餘負擔。

愛美神・妝前妝後・大公開！

　　過去人們總説：「要女明星卸妝，就像是要扒光衣服一樣。」為了這本不藏私的新書，老吳徹徹底底豁出去了！把其他女藝人不敢曝光的卸妝過程，完完整整一刀不剪、一鏡到底全面大公開！尤其是先卸單邊眼妝、單邊彩妝的對比度更是大得驚人，我覺得自己就好像沒穿衣服站在大家面前……雖然犧牲很大，但老吳只希望傳遞給大家正確而仔細的卸妝步驟，讓大家都可以一起從小細節找到逆齡絕招！

1. 我都會從妝最濃的地方開始卸妝，也就是眼妝。
2. 以眼脣卸妝液沾濕化妝棉，輕敷於眼睛上。
3. 待彩妝溶解，輕輕向下抹除。
4. 隨時替換化妝棉，開始卸除睫毛膏。

首度公開演藝圈不能說的秘密，打破女藝人禁忌，
史上第一位完整記錄卸妝過程，真實呈現妝前妝後無違和晶瑩肌！

5. 將化妝棉輕蓋於睫毛上二十秒。

6. 待卸妝液溶解睫毛膏，輕輕向下抹除。不要左右搓揉，不然會暈染成
　　熊貓眼。並記得多替換化妝棉，免得彩妝還是在臉上抹來抹去。

7. 自眉頭向眉尾輕推。

8. 卸除眉彩。

9. 卸除底妝時，從鼻翼開始。

10. 輕輕往兩頰抹去。

11. 再卸除額頭的底妝。

12. 視底妝濃淡可再重複一次 9 ～ 11。

PLUS 愛美神 · 妝前妝後 · 大公開！

13. 各部位以化妝棉卸妝後，都要以面紙按壓殘留在臉上的卸妝品及彩妝。

14. 毛巾容易滋生細菌，面紙較為乾淨。

15. 右半臉卸妝完成！

16. 開始卸除左眼眼妝。

17. 與之前步驟相同，先卸除眼影與睫毛。

18. 再卸除眉毛。

19. 將化妝棉輕輕蓋在嘴唇上數秒，溶解唇彩。

20. 仔細抹除殘留唇彩。

首度公開演藝圈不能說的秘密，打破女藝人禁忌，
史上第一位完整記錄卸妝過程，真實呈現妝前妝後無違和晶瑩肌！

21. 依鼻翼→臉頰→額頭卸
　　除底妝。

22. 以面紙按壓各部位的殘
　　留卸妝品與彩妝。

Before / After

經典愛物／
CLASSIC

敏感肌適用

BIODERMA 舒妍高效潔膚液

我心目中第一名的卸妝水非貝德瑪舒妍高效潔膚液莫屬了！愛用好多年了，質地溫和，不含香料不含防腐劑，無論是日曬後的肌膚或是敏感脆弱肌都適用！而且使用完肌膚感覺清爽水嫩，非常純淨舒適！官方主打卸妝、清潔、化妝水、保濕乳液四效合一，不必再清洗，但神經質的我還是會再洗一次臉求安心喔！貝德瑪共出了三種，另外還有綠色的淨妍跟藍色的水之妍，可依據自己的皮膚狀況挑選適用的配方。

BIODERMA 貝德瑪／舒妍高效潔膚液／
500ml ／ NT1450

L'oreal 溫和眼脣卸粧液

開架品牌中萊雅 L'oreal 的溫和眼脣卸粧液最得我心，難卸的防水睫毛膏都能卸得乾淨溜溜，且溫和不薰眼，就算不小心跑進了眼睛也不會有刺痛感，加上價錢便宜，常常有促銷活動，已經用了好幾年了呢！

L'oreal 巴黎萊雅／溫和眼脣卸粧液／
125ml ／ NT299

溫和不薰眼

LANCOME 快速眼脣卸妝液

專櫃品牌中蘭蔻的眼脣卸妝液也很好用，質地
溫和不薰眼，尤其針對防水睫毛膏的卸除力相
當足夠，溶解彩妝的速度比巴黎萊雅快，使用
上更省時。

LANCOME 蘭蔻／快速眼脣卸妝液／
125ml ／ NT920

COTTON LABO 五層超薄型化妝棉

這絕對是我用過最好用的化妝棉了，用了好多年，從來沒有變心過
喔！可卸妝也可用於濕敷，她屬於薄的化妝棉，但一片還可再撕成
五薄片，濕敷剛好足夠敷滿全臉，很方便！
而且抓水度很夠，能有效節省化妝棉跟卸妝
液。她是日本品牌，在日本買最划算，藍色
是基礎型，紅色是加大版，現在許多網路店
鋪也可以買到囉！

COTTON LABO 丸三／五層超薄型化妝
棉／一盒 80 枚／ NT79

超值好物／
VALUE ITEMS

TISS 深層卸粧油

台灣的開架品牌 TISS 深層卸妝油，連防水眼線也能乾淨卸除，好用！味道也很香，價錢又便宜，默默就用完一瓶，邁向第二瓶！這款是乾濕兩用，就算手濕濕也能徹底溶解彩妝，使用上十分方便！

TISS ／ TISS 深層卸粧油 (乾濕兩用進化型)
／ 230ml ／ NT350

乾濕兩用

ETUDE HOUSE 潔顏油

ETUDE HOUSE 的潔顏油是不小心挖到的寶，他有分適合各種膚況的人使用，這款是針對乾燥肌膚，可以改善角質老化的狀況，質地水潤不油膩，且味道迷人，價格更吸引人！

ETUDE HOUSE ／煥然一新保濕潔顏油／ 185ml ／
NT750

Zero 零感肌瞬卸凝霜

去韓國時買了這罐十分暢銷的「卸妝霜」，用了幾天發現還真是不錯耶！彩妝卸得很乾淨，但卻不會讓肌膚變得乾澀，反而有點水嫩柔順感，怪不得這麼暢銷。

banila co. ／ Zero 零感肌瞬卸凝霜
／ 180ml ／ NT990

水潤柔順

愛美神必殺技／
BEAUTYTIPS

必殺技 *1*　以棉花棒仔細卸除睫毛膏

較為濃厚的眼妝光用化妝棉通常無法將眼線卸乾淨，尤其是內眼線，老吳老師教大家一個方便又可卸乾淨的方法。先把「眼脣卸妝液」搖勻，滴幾滴在蓋子裡，再用「棉花棒」沾取，輕輕卸除上下眼睛睫毛根部殘留的眼線，這樣就可以輕鬆地把眼妝卸乾淨，也不會浪費眼脣卸妝液。

必殺技 *2*　以「分裝瓶」盛裝卸妝液

卸妝時雙手也要保持潔淨，可以把「卸妝液」分裝在自動按壓瓶裡，這樣單手即可取用，方便又乾淨！

清潔篇 / Clean

2 洗顏 *WASH*

卸妝過後,接著就是洗臉啦!雖然有很多產品標榜「洗卸合一」,但神經兮兮的我還是不會省掉洗臉這個步驟喔!洗臉的目的是透過產品帶走殘留在毛孔及肌膚紋理間的髒汙及代謝物,因此泡泡分子越細小越好,更能深入肌膚底層。

　　我觀察周圍朋友們發現,洗臉方式大抵可以分為兩種:一種是懶人洗臉,一種狂人洗臉～懶人洗臉是將洗面乳擠到手上後,隨意搓開在臉上抹個三兩下就沖掉了;狂人洗臉是每日照三餐洗臉,每次都洗洗搓搓來回個三五遍。如果你是其中一種,可要千萬小心了!這兩種模式都很傷皮膚的。懶人洗臉的問題在於沒有充分將洗面乳轉化成細緻的泡泡,那麼便無法深入到微小的毛孔將髒汙帶走,會阻礙後續保養品的吸收;狂人洗臉則是過於極端,破壞了肌膚原有的油水平衡,將導致肌膚變得敏感、脆弱,嚴重的話輕輕碰到就會紅腫。

　　正確的洗臉方式是將洗顏產品擠在手心，搓揉起泡，等泡泡變得綿密細緻後洗，才可以達到較佳的清潔力。接著一邊洗一邊按摩全臉約一分鐘左右，最後以溫手洗淨。

analysis
洗臉產品分析

洗顏乳

洗面乳是洗臉產品的最大宗，主要在於乳狀質地溫和，親膚性高，且遇水能快速清洗不殘留，洗後維持肌膚的水潤。

洗顏皂

皂類產品擁有較強的去油性，清潔力更不在話下，洗後要特別加強肌膚的保濕。同時皂類產品保存尚需多費心，盡量存放在乾燥的環境下才能維持使用期限。

洗顏慕斯

慕斯產品主要是提供綿密的泡泡，透過細緻的泡泡深入毛孔帶走髒汙，是很適合沒時間的大忙人或懶得起泡的懶人使用的產品喔！

洗顏粉

粉狀產品近幾年來越來越常見，洗顏粉不含皂鹼，多數主要是透過酵素的細微分子達到潔淨毛孔的效果，對於改善粉刺還蠻有效果的喔！但也會比較乾，要做好保濕喔！

PLUS 洗臉步驟**不藏私**！

　　老吳是個強迫症患者，每一個步驟都要徹底實做，為了保養這一生只有一件的「皮衣」，我可是一點都不嫌麻煩的，洗臉是最基礎的保養，每一個小細節都不要輕易放過喔！以下是老吳在一手拿著相機、一手示範的艱困環境中留下的心血結晶，可要好好學著喔！

1. 有強迫症的我，一定還會用卸妝油再卸一次殘妝。
2. 在臉上肌膚仔細按揉，將殘留的彩妝都清除。
3. 特別是留意忽略的部位要特別加強，如下巴。
4. 頰頸交接處也別漏掉喔！

5. 兌水讓潔顏油乳化，仔細搓揉，讓他徹底乳化。
6. 以清水洗除卸妝油的白色乳化液。
7. 將洗面乳搓揉出泡泡後抹在臉上，開始洗臉。
8. 一樣要留意各個部位細節。

連洗臉步驟也公開，基本上我已經像是沒穿衣服了！

9. 使用洗臉蒟蒻加強清潔。（偶爾使用）

10. T 字部位可重點按摩

11. 眼窩肌膚細緻，用蒟蒻球輕輕按揉。

12. 臉部洗淨後，以食鹽水清洗眼睛。

13. 以面紙擦去臉上的水滴。

14. 面紙比毛巾乾淨，可別前功盡棄喔！

15. 洗臉完成！

16. 我會馬上敷上面膜維持肌膚的水嫩，接著就可進行後續的保養囉！

經典愛物／
CLASSIC

LANCOME 保濕洗面霜

這條蘭蔻的洗面霜真心好用，洗完完
全不乾澀！上面有標明 soap free，洗
得乾淨卻不會帶走水分，推！

LANCOME 蘭蔻／清柔保濕洗面霜／125ml
／NT1150

LANCOME CREME-MOUSSE CONFORT

這條洗面乳是專門 FOR 乾性肌膚的，她
非常保濕，每到冬天或是去到乾燥的國
家時，我一定會使用這條洗面乳，她的
質地是乳狀，洗起來泡泡不會太多，但
可以幫助肌膚持久保水。

LANCOME 蘭蔻／
CREME-MOUSSE
CONFORT ／125ml

洗完完全
不乾澀！

持久保濕

三合一！
懶人專用！

philosophy 3 合 1 洗面乳

趁著周年慶時買了很多 philosophy 的
purity 純淨清爽三合一洗面乳，味道很清
新，原料都是萃取自天然植物精華，所以
相當溫和，脆弱的眼周肌膚、敏感性肌膚
都適用。使用完肌膚不緊繃，帶走多餘的
油脂又保留應有的水分。這款最適合懶人
使用，省時又方便，但對有強迫的老吳來
說，我還是會分三步驟啦！

philosophy ／
純淨清爽 3 合 1 洗面乳
／ 240ml ／ NT750

懶人
洗臉法

LANCOME 晶透潔顏泡沫

我的懶人洗臉專用洗面乳，為什麼說是懶人洗
臉呢？因為是泡沫狀，不用再搓揉起泡，所以
每當我發懶時就用這種泡沫洗面，很方便喔！
但這款洗淨力較強，夏天用剛剛好，冬天就得
加強後續保濕喔！

LANCOME 蘭蔻／晶透潔顏泡沫／
200ml ／ NT1350

clarisonic 音波淨膚儀 MIA

這陣子的保養神器最夯的莫過於
「洗臉機」了！用了幾次後，我覺
得不難用耶！因為每次用洗臉機按
摩＋洗臉後，我都覺得臉好像變白
了！主要是因為利用震動及極細刷
毛將老廢角質清除了，但有個重點
是──不建議每天使用，除非是本
身角質層肥厚，可以較密集的使用。
我個人是一到二星期用一次，太頻
繁的過度清潔，反而會造成皮膚的
傷害喔！此外刷頭也要定期更換，
這種消耗性的商品不要省，不然長
期用起來，不僅臉洗不乾淨，可能
還會堆積更多看不見的細菌喔！

clarisonic 科萊麗／音波
淨膚儀 MIA ／ NT5000

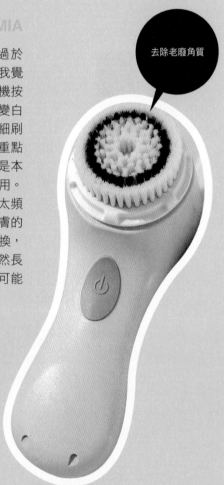

去除老廢角質

超值好物／
VALUE ITEMS

Etude House ／蘇打粉
深層毛孔洗面泡泡 (加
強保濕型) ／ 150ml ／
NT400

Etude House ／蘇打
粉深層毛孔洗面乳 (加
強保濕型) ／ 150ml
／ NT380

Etude House

這兩罐是我認為 Etude House 最超值
的洗臉產品，尤其我是在買一送一促
銷時買的，CP 值超高！泡沫型的是使
用上很方便，適合懶人專用，洗面乳
則會比泡泡款更加保濕，這兩瓶我都
會混合使用。

愛美神必殺技／
BEAUTYTIPS

必殺技　*1*　剪開瓶身，使用不浪費！

條狀洗面乳用到最後擠不出來時，可以剪開尾端，看使用狀況再慢慢
往下剪，若擔心內容物乾掉或是污染的情形，也可以從中間剪斷，套
在一起就可以囉！這是我的粉絲教我的喔！

75

清潔篇 / Clean

3 深層清潔 *Deep Cleansing*

許多姊妹都會問：每天都乖乖的卸妝洗臉保養，為什麼皮膚沒有像妳那樣白皙透亮？今天就來為大家解惑，這絕對不是因為我天生麗質，而是因為——沒有定期執行深層清潔！每日的卸妝洗臉僅止於清掃肌膚表層的髒汙，但肌膚深層每日都會代謝老廢角質。若沒有定期深層調理，老廢角質便會阻塞毛細孔，那麼不論做再多保養也是無益。尤其年紀越大，皮膚角質越容易增生，也會更加頑固，更需要我們細心呵護。為了達到真正澄透的肌膚狀態，請務必定期去角質喔！

若是有定期去角質，卻仍覺得膚色黯沉的話，可能是因為沒有選對產品，也可能是使用方法不正確。去角質產品因為型態不同，我會根據當時膚況來選擇。

　　趁著放假時來個居家「煥膚」吧！杏仁酸一直是我定期的保養，對於清理粉刺、收縮毛孔、改善暗沉、撫平細紋……等都有不錯的效果。用了幾天會脫皮屑是正常的，依杏仁酸濃度而定，這點要先有心理準備喔！但脫完皮屑後，皮膚就會亮晶晶的！

去角質磨砂膏

屬於顆粒明顯的去角質產品，適用於角質層肥厚的皮膚，清潔力較強，但由於顆粒明顯，使用時更要以輕柔的力道按摩揉搓，避免傷了臉部肌膚。

去角質凝膠‧凍

屬於較溫和的去角質產品，將凝膠或泡沫抹上肌膚後，靜置幾分鐘待角質軟化後，以揉搓的方式去角質，一邊揉搓會一邊產生碎屑，是很有感的去角質產品。但要留意有些商品成分本身就會產生碎屑，沒去除角質反而累積髒汙。

去角質霜

顆粒較細小，霜狀質地較為細柔綿密，可保持肌膚的水潤度。在臉上角質較厚的區域塗上厚厚一層，用指腹輕輕按摩後，可靜置五到十分鐘，待老廢角質、髒汙被吸附出來，再用清水沖洗。

去角質液

質地接近化妝水的感覺，作用主要在於軟化角質、代謝角質，通常會搭配專用的化妝棉效果會更顯著。

杏仁酸

杏仁酸產品以濃度高低來決定溫和或刺激，初次使用以低濃度開始，幫助皮膚溫陳代謝，慢慢地再提高濃度，循序漸進達到肌膚的深層調理。

經典愛物 ╱
CLASSIC

杏仁酸亮白煥膚精華

我最常用的「杏仁酸」是兩個不同品牌，一個是 **DR.WU** 的 **18%**，一個是寵愛之名的 **20%**，在藥妝店都可以買到，常常有打折活動喔！而使用杏仁酸時需要更注意肌膚的保濕與平衡，可搭配精華液穩定膚況。

DR.WU 達爾膚／杏仁酸亮白煥膚精華
18% ╱ 30ml ╱ NT1500

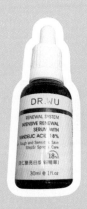

LA MER 晶鑽面膜

老吳用很久的去角質面膜，他的質地是泥狀有顆粒，有添加礦物精華。使用上很省時，薄敷一層，等到乾了以後加水按摩輕輕搓掉，再用水清洗，洗完臉會亮亮的喔！

LA MER 海洋拉娜／晶鑽面膜／ 100ml ╱
NT3000

潔淨去角質慕斯

這罐泡沫去角質很實用，我不僅是會用在臉部，也會用在頸部、四肢等身體其他部位，因為效果很明顯，搓一搓真的會覺得皮膚變乾淨，有明亮的感覺。

Etude House ／磨術泡泡～潔淨去角質慕斯 (升級
版) ╱ 120ml ╱ NT450

關於粉刺、痘痘

　　關於痘痘的惱人問題，則可以反映當時的身體狀況，若是過度疲勞、熬夜、吃油炸物等等都容易冒痘痘。生理期時內分泌失調、生病時免疫力低也容易冒痘痘，發炎的痘痘千萬別自己擠，很容易留下疤痕，如果不小心手癢擠破的話，也一定要用酒精棉片擦拭消毒，再擦上消炎藥膏，免得發炎更嚴重。可以的話，請盡量找專業美容師，擠完再敷上「黃藥水」，五分鐘後再塗上消炎藥膏及痘痘藥膏（到藥房詢問藥師即可）。

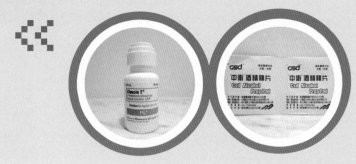

「黑頭粉刺」是個不好處理的問題，主要有五步驟，第一：仔細卸妝＋清潔，別讓毛孔阻塞；第二：借助清潔道具，如洗臉蒟蒻，在黑頭粉刺容易增生的地方加強；第三：定期使用杏仁酸的產品，幫助角質代謝；第四：定期請專業美容師清理。從日常小細節累積美麗吧！蒟蒻球使用後要清洗乾淨，晾曬風乾，也要記得定期汰換，不然使用久了都容易孳生黴菌。

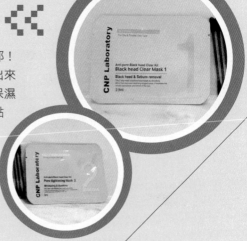

這款「去黑頭神器」真的不錯耶！先敷第一片，敷完粉刺很容易就擠出來了，然後再敷上第二片，第二片蠻保濕的，總體來說是好用的！唯一的缺點就是——一包只能使用 4 次而已。

基礎保養篇 / Basic skin care

Skin care section

1 化妝水 *TONER*

化妝水是保養中最不具存在感、但卻最不可或缺的第一大功臣。在洗完臉後，肌膚與角質層都面臨清掃代謝的衝擊，此時肌膚需要補充大量水分，化妝水的小分子正能適時滋潤肌膚，並讓乾涸的角質層充滿水分而恢復柔軟，這一步驟對於後續保養相當重要，肌膚表層恢復穩定狀態，才能幫助其餘養分順利進入肌膚深層，讓保養品發揮最大成效。

經典愛物／
CLASSIC

SK-II 青春露

我愛用多年的青春露，陪我走過了大半歲月
啊！哈哈！相信也陪伴了許多人的青春，她
給予肌膚完整的保護，提高新陳代謝率，維
持年輕彈潤的膚質，使用後會感覺臉部透亮
許多，好像髒汙角質都被清光了！週年慶時
是最值得入手的時間，別錯過囉！

SK-II／青春露／330ml／NT7200

最淨膚！

cle de peau Beaute 光采保濕露

這瓶也是我的多年愛將！她雖然是化妝水，
但效果就像精華液一樣，用化妝棉在臉上推
開，立刻可以感受到她絕佳的延展性，肌膚
彷彿喝飽了水，柔嫩有彈力而且吸收很快，
如同她的名字一樣，馬上看的見肌膚的光
采，最重要的是味道很棒！但是價錢也不便
宜，利用週年慶時買最划算。

cle de peau Beaute 肌膚之鑰／光采保濕露／
170ml／NT3600

最保濕！

基礎保養篇 / Basic skin care

Skin care section

2 精華液 ESSENCE

精華液之所以名為精華,是因為她只保留肌膚最需要的成分,只提供對肌膚有益的養分,並以較高比例、較高品質的原料萃取呈現,旨在於抗老與修復,以維持彈潤、緊緻的肌膚狀態。許多人會以為精華液是年紀大了才要使用,但老化是悄悄發生的,且以物理方式是不可逆的,別等到發現老化跡象才開始使用,讓肌膚吸收好的養分、長時間維持在高水平,他便不會發現歲月的痕跡喔!

經典愛物／
CLASSIC

雅詩蘭黛 特潤超導修護露

雅斯蘭黛的特潤超導修護露，是我多年來的愛用品，他能提供肌膚修護再生，穩定膚況，分子很細很好吸收，妝前使用可幫助妝容更服貼。但價格偏貴，所以我在國外若有看到便宜的就會先囤個五六瓶，以備不時之需。在美國的 outlet 買到了特大容量，只花了五折的價錢，開心！

Estee Lauder 雅詩蘭黛／特潤超導修護露
／50ml／NT3800

LANCOME

衣物換季，別忘了保養也要換季，夏天的精華液我會換成蘭寇的小黑瓶，她是以保濕為主要訴求，但不會太滋潤，適合夏天的氣候與濕度。若是四季都用相同的保養品，夏天繼續用冬天的保養品，皮膚滋潤久了，可是會長粉刺及痘痘的喔！

LANCOME 蘭蔻／超進化肌因賦活露／50ml／NT3700

基礎保養篇 / Basic skin care

3 乳液・乳霜 LOTION

時常有人會分不清楚乳液與乳霜的用途與作用，簡單而言，乳液比較水，乳霜比較稠，要使用哪一種產品可能要考量到季節與時間，比如：秋冬使用乳霜、白天使用乳液等等，然而其中最重要的關鍵取決於你的膚質。油性、中性肌膚較適合質地清爽的乳液，乳霜則適用於乾性肌膚，我是乾性肌膚，所以特別偏好柔潤綿密的乳霜，然而肌膚狀況百百種，選用各類型產品務必要給肌膚一段時間去感受，才能知道究竟是不是對的產品喔！

　　乳液、乳霜類產品是保養的最後一道程序，很多人會覺得擦完精華液已經足夠，便忽略這一步，但這卻是最重要的環節！乳液、乳霜類產品可以鎖住營養素，將先前使用的保養品通通保留在肌膚，一定別忘了使用喔！我也建議乳霜類產品都要使用手心溫度加熱，再輕摀臉上，以熱氣讓養分徹底被吸收。

經典愛物／
CLASSIC

LA MER 經典乳霜

這是我最常用的面霜，長年愛用，光是500ml超大罐都已經用到第三罐了，看我有多愛她，哈哈！這款乳霜能提供肌膚需要的水分與養分，並且能將養分好好地鎖在肌膚裡，長時間保水潤澤。LA MER乳霜有專門使用方法，使用時挖適量在手掌心，用手心溫度搓熱，她會從濃稠的凝乳狀融化成水乳狀，此時再以雙手捂住臉停留數秒，再換到側面、脖子等處，以熱氣讓養分徹底被肌膚吸收。敷在眼周可以改善黑眼圈。

LA MER 海洋拉娜／經典乳霜／500ml／NT63000

雪花秀 彈力緊然面霜

春夏兩季時我會改用雪花秀的彈力緊然面霜，延展度高，不油膩，最重要是好吸收，價錢也算合理。這個品牌受到許多日本女星推薦，是很罕見的會融合漢方草藥的保養品。

Sulwhasoo 雪花秀／彈力緊然面霜／75ml／NT2680

經典愛物／
CLASSIC

光采防護精華乳
SPF23 PA++

肌膚之鑰光采保濕露同系列的
乳液分為日用與夜用，日用的
這隻有防曬效果，能隔絕紫外
線，又同時含有保養成分，
可以穩定肌膚狀況。

cle de peau Beaute 肌膚之鑰／光采
防護精華乳 SPF23 PA++ ／ 125ml
／ NT2800

冰河醣蛋白保濕霜

冬天又冷又乾，皮膚很容易產生緊繃乾
澀的問題，這款乳霜 CP 值很高喔！也
是這品牌的招牌商品之一，能鎖住水分
並持續保溼，在乾冷的冬天裡特別有
感，有時還可以塗厚厚一層當按摩霜，
並延伸按摩到脖子，直到皮膚吸收。

KIEHL'S 契爾氏／冰河醣蛋白保
濕霜／ 50ml ／ NT1350

Clean section share

超值好物／
VALUE ITEMS

晶鑽蝸牛霜

這款是前陣子很夯的蝸牛面霜，我覺得他的修護效果蠻顯著的，有時候膚況不穩定或是季節轉換容易敏感的時候，用這罐可以安定肌膚，而且味道清香，使用起來蠻舒服的。

It`s Skin 伊思／晶鑽蝸牛霜／ 60ml ／
NT2180

Etude House 保濕輕盈乳

這款乳液 CP 值很高，很適合夏天或怕油膩的年輕肌膚，我會使用在精華液之前，作為保濕的前導產品，倒在化妝棉上一邊擦一邊按摩，讓肌膚能徹底吸收保濕成分。

Etude House ／水足感～極效膠原高保濕輕盈乳／
180ml ／ NT680

基礎保養篇 / Basic skin care

Skin care section

4 面膜 MASK

我幾乎天天敷臉,想著今天要敷保濕、美白、緊實、彈力、抗皺還是深層清潔的面膜?這是辛苦工作一整天後犒賞自己的幸福時刻,我每天都期待著呢!保養完看到自己皮膚水嫩嫩就覺得又找到了繼續前進的動力!

Clean section share

經典愛物 / CLASSIC

嫩白煥膚精華面膜

是很好用、很有效的面膜,所以費用也很高貴,我常會捨不得用,通常是在有重要活動或工作前才會使用。

cle de peau Beaute 肌膚之鑰/嫩白煥膚精華面膜/ 6 組/ NT3600

立即有感!

cp
clé de peau
BEAUTÉ

masque éclaircissant intensif
intensive brightening mask

contents: masque I / mask I   masque II / mask II
contents: 6 sachets / packettes   6 sachets / packettes

更新面膜

我愛用的塗抹式面膜之一，已經用了好多年囉！塗抹式面膜的好處是你可以隨心所欲做任何事，不一定要躺者或維持一定角度。他是霜狀質地，在使用之前我會先用精華液打底按摩，加強肌膚保水度，然後抹上厚厚一層面膜，厚度是整張臉都被覆蓋住、不透膚色喔！每次敷 40 分鐘到 1 小時，因為他是乳霜狀，不會變硬，也不會乾澀，按摩搓揉、淨化膚質後，會搓出白色軟屑，以水洗淨即可，使用後會發現肌膚估溜估溜、閃閃發光喔！

SUISSE PROGRAMME 葆麗美／更新面膜／
200ml ／ US191.5

滋潤活膚面膜

這款是主打保濕滋潤，使用上與上一款「更新面膜」差不多，但因為這罐的質地更為濃稠滋潤，清洗時要先用面紙覆蓋在臉上，按壓後撕除面紙，可帶走多餘的乳霜，再以清水洗淨。使用後肌膚水嫩Q彈，毛孔變緊緻，細紋也有淡化的感覺喔！

SUISSE PROGRAMME 葆麗美／
滋潤活膚面膜／ 200ml ／ US175.5

超值好物／
VALUE ITEMS

韓國精華液導入面膜

這款面膜在韓國紅翻天，愛美神覺得實至名歸啊！面膜材質是棉花籽製成，貼在臉上非常服貼，敷完之後會覺得皮膚被精華液餵飽了！變亮變嫩，摸起來很舒服。

最近這類型精華液面膜越來越夯，有些是已經幫你注入面膜當中，有些是讓你自己分兩步驟保養。第一步先擦上滿滿的精華液按摩全臉，第二步再敷上面膜，為的就是讓整個臉都「濕潤水嫩」。但這個概念好像是我提出的耶！因為我從好幾年以前就一直在教導大家敷臉前可以先擦上精華液，按摩後再敷面臉，我應該早早申請專利的，哈！

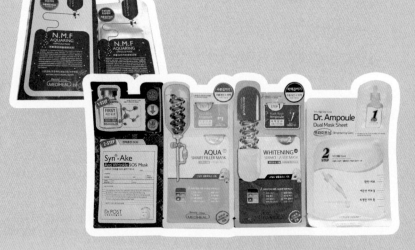

台灣系列面膜

這個台灣系列面膜一整套超可愛的，分別以台灣五大景點為主題，並對應到肌膚的不同訴求，有保濕、舒緩、修護、嫩白、淨化等，而且不只外包裝可愛，面膜材質也不簡單，採用天然纖維，可以貼和臉部輪廓，保濕度極高，是好看又好用的伴手禮喔！

AM 豬頭妹／台灣系列面膜／
單片 35 元

試管面膜

這款面膜高大尚，鎮定肌膚的效果非常好，夏天有粉刺痘痘都可以改善。整罐面膜有滿滿的精華液，使用時先把精華液倒出來使用，再敷面膜，效果真的很好。

基礎保養篇 / Basic skin care

5 安瓶 *AMPOULES*

有很多人不了解安瓶是什麼、要如何使用,其實把她想成精緻化的精華液就不難理解了!安瓶的名字是從英文 Ampoules 直譯過來的,意思是濃縮精華,含有高濃度的保養成分,以前都是專門給新娘使用的,目的是在最短的時間內呈現最佳的肌膚狀態,因此都是高濃度、小劑量、連續多天使用的劑型。

安瓶多為無菌、無添加防腐劑的獨立包裝,目的就是訴求單次使用,避免內容物變質。

水感肌國民安瓶

隨著季節轉換，肌膚狀態也會跟著轉變，在夏天受到的傷害也會在秋天展現出來，肌膚表面容易變得乾燥、缺乏彈性，顯得黯淡，因此每到冬季首重的保養就是「保濕」，而且要能直達肌膚底層，更要能夠長效持續。

所以冬天肌膚脆弱乾燥時，我都會使用安瓶來保養，透過密集、深度、集中的安瓶維持好膚質。而講到安瓶我忍不住要大推這個產品——「水感肌國民安瓶」，真的超好用、超保濕，重點是性價比超高！補水、滋養、修護三效合一。

SUIKAN HADA／水感肌國民安瓶／
25mg／5 支 NT1680

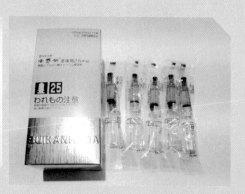

經典愛物／
CLASSIC

一開始是朋友推薦我用的，我當時還不以為意，沒想到接下來驚喜連連。首先是他的包裝，每一隻都是獨立無菌包裝，再來是使用時立馬有感！有種立即補水的保濕感，而且肌膚變得彈潤，延展度極佳，我按摩全臉後還是一樣保濕彈潤，不像也些精華液、安瓶只有使用時有感，卻不持久，但水感肌安瓶卻讓我感覺到持續的保濕度與豐潤感，原來是因為它蘊含高濃度的玻尿酸、膠原蛋白、富勒烯等美顏成分，能使肌膚吸收並儲存超過本身重量一千倍的水分，修護乾燥的皮膚。這麼高濃度的成分對比他的價格，真心覺得是「貴婦級的享受、小資女的價格」，大推！冬天時或去到乾燥地區時，可以密集使用一到兩周，你會發現肌膚觸感完全不同，好像浸潤在精華液當中一樣喔！

Ampoules

High
moisture

急救良品

説到這盒急救良品真的很急救，哈！他裡面包含兩種項目，急救水與美肌丸，每一件的包裝都非常精密，深怕接觸到外界空氣影響品質，而且成分是最新科技！美肌丸中含有最新的蜘蛛絲萃取精華，能夠有效增強肌膚抵抗力，保護肌膚免受紫外線傷害，改善細紋、臉色等肌膚問題，使用完會覺得肌膚有重生的感覺喔！而急救水則添加了玻尿酸精華和蚯蚓酶提取物，聽起來有點恐怖，但是他能滲透到肌膚底層，延長保濕效果，長期使用還有助減少斑點。兩者加在一起使用，真的是搶救肌膚神器呀！使用時將急救水倒入美肌丸中搖一搖，讓美肌丸溶解，再擦到臉上，輕輕按壓讓肌膚吸收。

急救良品還可以跟水感肌搭配使用，一至兩周持續用水感肌，每隔兩至三天使用急救水＋美肌丸調理，效果更好。

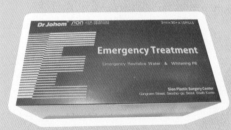

Dr.Johom/ 急救良品 /

基礎保養篇 / Basic skin care

6 防曬 *SUN PROTECTION*

防曬最高原則「不曬，不老」。現在許多彩妝品都會添加防曬的成分，導致許多人都以為防曬是彩妝的一部分，其實不是喔！防曬是日間保養的一環，防曬做得好，就不用費盡心思的美白與淡斑了！

其實我認為防曬要做得好，最重要的不是產品的防曬效果，而是你的勤勞程度！雖然現在防曬產品的防曬係數有高達 70 之高，但愛美神的極致做法是一旦碰水、流汗，就要補擦，每個角落都不放過，請記得：「防曬之道無他，反覆補擦便能成功」。我一年四季都會認真防曬，春夏都是用 SPF50 PA+++ 的防曬品，秋冬則可以看天候改用 SPF30 的，總之沒有一天不防曬！

Clean section share

經典愛物／
CLASSIC

超美白升級版防護妝前乳
SPF30 PA+++

這是老吳用了多年的防曬隔離，喜歡的原因除了質地細膩、不悶不熱以外，若搭配 BB 霜，會呈現自然的光澤感，我喜歡皮膚看起來油亮油亮的，感覺起來膚質很好喔！

CHANEL 香奈兒／超美白升級版防護妝前乳 SPF30 PA+++ ／ 30ml ／ NT1650 最細緻！

Clean section share

新鮮好物／
FRESH ITEMS

RX10 倍胜肽極效防曬液
SPF50

新發現！我覺得牛爾老師家的防曬很好用耶！延展性佳，好推抹，但塗上後卻不油膩，而且還有添加抗老成份，價格卻非常親民，真的是佛心來著的好產品！

am+pm skincare ／ RX10 倍胜肽極效防曬液 SPF50 ／ 50ml ／ NT349

愛美神必殺技／
BEAUTY TIPS

到海島國家度假時，大家一定會到海邊享受慵懶的時光，我當然也是，去泰國時幾乎每天下午都到泳池報到呢！但待了一下午卻沒曬黑的祕訣是什麼呢？其實沒有祕訣，就是——狂擦防曬產品囉！但其中到底哪一罐最有效，說實在的我也不知道耶！我每罐都有擦，而最重要的是最後一層一定要擦防水的！下水之後一定要再補擦，真的非常累人，但能徹底保護皮膚防止紫外線，成果也會看的見喔！

ETUDE HOUSE ／
長效防水運動防曬霜
SPF50+ PA+++ ／
50ml ／ NT480

Elizabeth Arden 伊麗莎白雅頓／8 小時隨身小陽傘防曬膏 SPF50 PA+++／6.8g ／ NT800

其中露得清那罐質地比較油，防水效果很好，但清洗時也要特別費力喔！如果沒有卸除乾淨是會堵塞毛孔、長痘子喔！建議可以使用去角質卸除，再用沐浴球搓洗。

外出時除了擦防曬以外，我也會全副武裝戴帽子、穿薄長袖，盡量走在樹蔭下，能防盡量防，只有拍照時可以稍微漏風一下，哈哈！

Neutrogena 露得清
／清透無感防曬噴
霧 SPF70 PA+++／
30ml／HK$ 139.9

SUNCUT 曬可皙
／高效防曬噴霧
SPF50+/PA++++
／90ml／NT358

進階保養篇 / Basic skin care

1 保濕 *MOISTURIZER*

保濕是完美肌膚之底，保濕若沒做好，肌膚問題可是會接踵而來，痘痘、暗沉、油光、皺紋、鬆弛一個不漏喔！持續保水，讓肌膚隨時抱持Q彈水嫩是最重要的事，但上班族若時常待在冷氣室，肌膚很容易在不知不覺中變得乾巴巴，別忘了隨時補充水分。

經典愛物／
CLASSIC

含氧細胞露

夏天天氣悶，感覺皮膚油膩或缺水時，我喜歡噴「噴霧式礦泉水」，噴完臉後，再用面紙按乾，會感覺臉很輕透，可以連脖子、肩膀一起噴噴，消暑又能維持肌膚保水度。

URIAGE 優麗雅／含氧細胞露／ 300ml ／ NT680

潤燥精華 EX

雪花秀的潤躁精華是一瓶特別的精華液，她是洗完臉後的第一道步驟！別懷疑，擦完她再上化妝水，可讓皮膚更水嫩，並完整吸收後續的保養品，每當肌膚乾燥時我一定先擦上她。

Sulwhasoo 雪花秀／潤燥精華 EX
／ 60ml ／ NT2780

玻尿酸保濕精華乳

這瓶保濕精華乳沒有過多的香氣，質地溫和，季節轉換時可以用這瓶維持肌膚的水潤。雖然是乳狀，但不黏膩、好吸收，保濕效果也很好，低刺激性，痘痘肌及敏感肌也可以用喔。

DR.WU 達爾膚／玻尿酸保濕精華乳／ 50ml ／ NT850

進階保養篇 / Basic skin care

Skin care section

2 美白 *WHITENING*

我最常被問到的問題就是——怎樣才能像妳那樣白？其實美白真的不是一蹴可幾的事情，常常看到美白產品廣告詞說得輕鬆，我總忍不住自嘲：那我花這麼多年美白還真是傻瓜蛋耶！其實若希望皮膚能維持白皙透亮，除了要一整年 365 天不懈怠地勤作防曬跟美白、避免黑色素落地生根之外，還有一個觀念要在這邊告訴大家，挑選美白產品時，不要一味追求白皙，更重要是要讓皮膚透亮，從底層白出來，才能徹底趕走暗沉泛黃，抑制黑色素。美白產品我漸漸趨向使用醫美品牌的產品，因為我已經很白了，醫美的產品因為濃度提高，所以效果也更顯著，但當然也容易過度刺激，這當中的取捨，請大家依照自己的肌膚接受度來作挑選喔！

除了持續使用美白產品，還可以配合去醫美打光，這是最快的美白途徑，相輔相成，更能維持你的美白效果。

經典愛物／
CLASSIC

20％杏仁酸煥白亮膚精華

有痘疤的話可以試試用杏仁酸或果酸，把老廢
角質代謝掉，加速皮膚的更新，增加皮膚光澤
度及均勻度，不過酸性的濃度，就要看個人皮
膚的接受度來使用囉！我個人因為已經使用了
多年（姊姊有練過）所以酸性的濃度，已經可
以用的很高了！

寵愛之名／20％杏仁酸煥白亮膚精華／10ml／NT580

鐳射光瞬白精華

美白保養品很多，包含左旋C、杏仁酸等等的，
現在再加上這隻美白精華！但我要很坦誠地說：
可能是因為我自己已經很白了，所以不太清楚她
讓我白了多少，但我始終抱持「有擦有保佑」囉！
夏天要集中美白淡斑時我會先上點杏仁酸，再塗
上美白精華。

LANCOME 蘭蔻／鐳射光瞬白精華／30ml／NT3300

超值好物／
VALUE ITEMS

杏仁酸亮白煥膚乳液

質地是水乳狀，很好推勻，也很容易被肌膚吸收，杏仁酸本身可以調理肌膚，改善粉刺痘痘，會讓皮膚脫皮，脫完皮會讓皮膚有光亮感，讓膚色變均勻、變明亮。如果怕原液太過刺激，可以先從這款乳液開始。使用頻率不用太頻繁，覺得肌膚暗沉時再使用就可以。

DR.WU 達爾膚／杏仁酸亮白煥膚乳液
／50ml／NT950

愛美神必殺技／
BEAUTYTIPS

必殺技 *1* 如何保持全身白白亮亮呢？

如何保持全身白白亮亮呢？其實可以把美白精華液加在身體乳裡加強效果，也可以把任何快過期的美白產品拿來擦身體。此外也要定期幫身體去角質，但要記得去完角質要馬上擦身體乳喔！再來就是常常補充維他命 C 並做好防曬工作。

萊萃美／維生素 C 白嚼錠／60 錠／NT360

醫美保養 ① 彩衝光

打彩衝光可以幫助皮膚變得亮白、光彩，眉毛和頭髮都要保護好，免得變成「無眉道長」囉！提醒同學有些不良醫美診所不是由專業醫師施打，可能會讓皮膚反黑或是受傷喔！

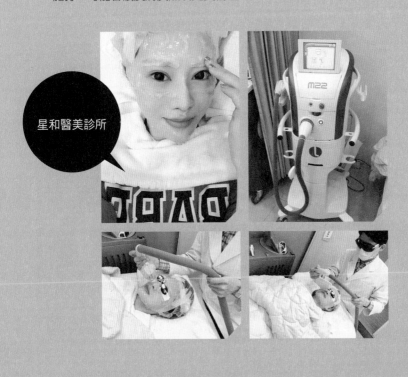

星和醫美診所

3 抗皺緊實 *Anti-wrinkle*

老吳一直不斷提醒大家：老化是悄悄發生的，有很多年輕妹妹覺得自己年紀還輕，與「老」攀不上關係，對於抗老、抗皺、緊實等產品常常不屑一顧，然而時間終究是把刀，每一天的我們都比前一天老，早點保養就能早點預防，千萬別等到細紋、斑點浮現才開始緊張，那早就錯過黃金時間了！而比起細紋與斑點，老化最可怕的是鬆弛！肉一鬆，人就老十歲，為了對抗地心引力，老吳可是內外兼修，做個愛美好榜樣喔！

Clean section share

經典愛物／
CLASSIC

極緻濃縮再生精華

這是貴婦朋友們的神器！要不是看到他們
使用後的效果那麼好，我還真買不下手。
這瓶主推修復效果，我通常只在肌膚敏感
時期使用，做為緊急救急之用，比如說剛
做完醫美時，透過她真的能幫助肌膚快速
得到舒緩。雖然很貴，但是質地濃稠，用
量不多，還算是可以投資的好物！

LA MER 海洋拉娜／極緻濃縮再生精華
／50ml／NT12500

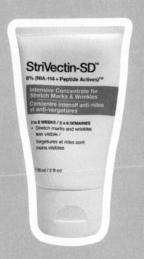

超級意外皺效霜

這牌子的緊實霜一直是品牌強打，擦
上去確實會有稍微緊緻感，但需要時
間，不是擦一兩次就有感覺的喔！在
保濕精華之後使用，最後再搭配乳霜
或乳液。

StriVectin 皺效奇蹟／超級意外皺效霜／
60ml／NT3050

新鮮好物 /
FRESH ITEMS

It`s Skin 伊思／
SYN-AKE 緊實面霜
／ 50ml ／ NT2410

緊實面霜

對於任何新的美妝品我都很有興趣，這瓶是韓國品牌的專門 FOR 乾燥肌的抗老面霜，有添加天然蝸牛體液，還有很厲害的類蛇毒血清蛋白樣肽，是保濕、抗老二合一面霜。因為韓國氣候乾冷，他們的保濕做得很好，所以使用上可以感覺他的潤澤度，這款我覺得在台灣夏天用會太滋潤，秋冬比較適合喔！

愛美神必殺技 /
BEAUTYTIPS

醫美保養 ① 肉毒桿菌

我嘴邊天生就有肉，常被心湄姊虧說是「余天大哥」，雖然不影響，但是總覺得看起來臉澎澎的，側眼線條也不好看，所以我會定期去打肉毒桿菌，讓肌肉放鬆，打在側臉頰則有瘦臉效果，是新型韓式打法。

星和
醫美診所

醫美保養 (2)　美好的自己才是永不退流行的經典

我每年都會送自己一個美麗大禮，當作是給自己的生日禮物，我不要
名牌包、不要珠寶、奢侈品，我只希望自己能保持美好的狀態，美好
的自己才是永不退流行的經典。今年生日我送自己音波拉皮，除了讓
皮膚緊實、拉提之外，也刺激皮膚自主增生膠原蛋白。

星和
醫美診所

關於雷射、電波、音波

近年來，醫美產業可説是如雨後春筍般，蓬勃發展，但仍有許多民眾會對醫美技術心存疑慮，畢竟關乎到一個人的面子，小心謹慎是絕對沒錯的。醫美對我來説不算是整形，她做的是微調、改善的功能，例如改善皺紋、淨化膚質等，與傳統需要動刀的侵入性整形大不相同，只要仔細了解自身的需求、認真調查療程細節、多方評比適合的診所與醫生，醫美其實一點也不可怕。以下就分別介紹雷射、電波、音波之間的差異，提供大家參考。

	電波拉皮	極線音波拉提
原理	以高頻率無線電波加熱，電波能量到下真皮層，使膠原蛋白收縮以達緊實效果。	**獲得美國 FDA 認可〔拉提〕適應症的能量治療。**利用聚焦式超音波，以非侵入式，傳輸精準能量至皮下，可有效誘導膠原蛋白新生，達到拉提的效果。擬真科技： 提下 4.5mm 模擬手術 SMAS 治療概念，治療深度直達 SMAS 層（表淺肌肉腱膜系統，俗稱筋膜），以往只有手術拉提時才能治療到的深度，因此可以達到有效拉提的效果。
效能	●使皮膚緊緻 ●雕塑臉部曲線 ●拉提臉部輪廓	●可使皮膚、皮下、筋膜層 (SMAS) 新生膠原蛋白而年輕化。 ●可改善深部結締組織中的衰老膠原蛋白容易因重力影響，而形成鬆弛下垂等老化徵狀。
治療深度	深度不等	**皮下 1.5mm、3.0mm、4.5mm 種治療深度，分層給與皮膚層、皮下組織、SMAS 精準能量，多層次新生拉提！**
建議次數	依個人需求及情況量身訂做，約 3～6 個月一次，**通常單次的治療在 1～3 個月後有效果，第二次治療後可達到更緊實的效果。**	依個人需求及情況量身訂做，約半年或一年一次，**通常單次的治療在 3～6 個月後有效果，**第二次治療後可達到更緊緻的效果。
維持時間	1～2 年	1.5 年～2 年

	淨膚雷射	彩衝光	櫻花雷射	微點飛梭雷射
原理	利用雷射選擇性的光熱療法，與 1064 波長，對表皮與真皮深部黑色素造成治療作用的專一性。	利用非侵入性的光能量，依每個人不同的需求與狀況，調整不同的光波波長，用熱能刺激真皮層中的纖維母細胞，使膠原蛋白增生，達到抗老化的效果。	運用 射光之「選擇性光熱 法」最適當的 595nm 光源由「血液」中的「含氧血紅素」(OxyHemoglobin) 吸收在目標物中將光能轉換成熱能目的在於破壞血管但傷害周邊組織。	以雷射波長 10.6pm 及瞄準光束 532mm 的二氧化碳雷射設備，針對軟組織的除去及凝結，深度可達 2.5mm 熱效應最好，改善治療深度太淺熱效應差等不適應。
效能	●縮小毛細孔 ●促進膠原蛋白新生 ●緊緻柔膚 ●淡斑、淡疤	●淡化表淺斑 ●淡化細紋 ●改善微細血管 ●縮小毛孔 ●改善眼袋及黑眼圈	●改善微細血管增生 ●改善酒糟肌膚 ●改善血管瘤 ●淡化紅色疤痕 ●淡化淺斑 ●淡化細紋	●改善凹洞 ●改善青春痘疤痕 ●改善毛孔粗大 ●緊緻肌膚"
建議次數	依個人需求及情況量身訂做，約 2~3 週一次，連續 4~6 次會有較為顯著的改善效果。	依個人需求及情況量身訂做，約 3 週一次，連續 4~6 次會有較為顯著的改善效果。 淺表斑點（如雀斑），在進行 1~2 次的治療後就可以看到一些改善。 若進一步想縮小毛孔和緊緻肌膚，建議需 5~6 次連續治療。	● 血管病變：間隔 6-8 週再打 ● 回春／青春痘紅／黑眼圈：間隔 4 週 ● 葡萄酒色斑：血管密度高，修復期更長。修復期約 2-3 個月以上。	依個人需求及情況量身訂做，約 1 個月一次，連續 3~6 次會有較為顯著的改善效果。

星和醫美診所

進階保養篇 / Basic skin care

4 眼部保養 EYE CARE

眼部是我最願意撒錢的部位了！大家一定都知道，眼周肌膚細緻又脆弱，一旦細紋產生，要修復是極其困難的事，加上眼睛是靈魂之窗，若是顯露老態更會影響整個人的第一印象，所以我一直很重視眼部保養，也很挑剔眼部保養品，若是成分不慎選，甚至會增生肉芽，那可是賠了夫人又折兵啊！

經典愛物／
CLASSIC

魚子美顏眼露

雖然也用過其他大品牌的「眼部精華液」，但我心中的第一名還是 La Prairie，我會將她當作眼霜前的打底精華液，因為她的質地輕盈，滋潤度恰到好處，能淡化眼周細紋，增加肌膚彈力，我已經愛用她好多年了，平均一年會用掉六瓶，大概已經可以堆成小山了吧！先在眼周輕輕拍打，讓肌膚吸收後，再使用眼霜。

La Prairie ／魚子美顏眼露／ 15ml ／ NT4400

亮眼活膚精華霜

用來用去，還是覺得 La mar 的眼霜最好用！雖然這罐眼霜非常「高貴」，但一直還沒找到可以替代的平價產品，只好繼續砸錢啦！她的質地精緻，滋潤卻不油膩，相當好吸收！搭配隨附的按摩棒，更是效果驚人！我超愛這個按摩棒的，每天早晚用棒子沾取眼霜後以逆時針按摩眼周，可以消除浮腫、促進循環、減少黑眼圈形成，看看我的眼睛就知道效果囉！

LA MER 海洋拉娜／亮眼活膚精華霜／
15ml ／ NT6300

經典愛物／
CLASSIC

特潤超導眼部修護精萃

眼部專屬精華液，雖然看起來是淡粉色乳狀，但質地屬於較水潤的精華液，容易被吸收，擦完會感覺眼周肌膚變得清透亮，對於細紋的淡化也蠻有效果的。

Estee Lauder 雅詩蘭黛／特潤超導眼部修護精萃／15ml／NT2500

魚子緊緻眼部精華

要冬天了，眼週更要保養，免得皺紋偷偷出現，最近新買的「魚子緊緻眼部精華」採用針對的魚子製作而成，質地介於精華液跟乳液之間，比精華液更稠一點，可以緊緻眼部肌膚，改善眼部暗沉。

SUISSE PROGRAMME 葆麗美／魚子緊緻眼部精華／15ml／US174.2

Clean section share

超值好物／
VALUE ITEMS

抗皺緊緻眼霜

IOPE 的眼霜好長一條啊！加上每日用量一小點就足夠，可以用很久喔！重點是不會長肉芽，我最怕試用眼霜，因為有的產品太過滋潤卻不容易吸收，一不小心就會長出肉芽，即使是大品牌也不例外喔！

IOPE 艾諾婷／抗皺緊緻眼霜／25ml／NT890

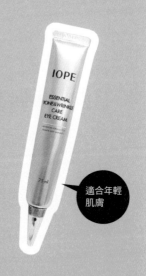

適合年輕肌膚

Clean section share

愛美神必殺技／
BEAUTYTIPS

必殺技 (*1*) 蒸氣眼罩

天氣冷颼颼，晚上要睡覺時，我會用「蒸氣眼罩」放鬆眼部～熱熱的好舒服，還有精緻的香味，我特別喜歡玫瑰的味道，伴著香氣更好眠喔！

Kao 日本花王／MegRhythm 蒸氣溫熱眼膜／14 片裝／NT499

進階保養篇 / Basic skin care

5 脣部保養 *LIP CARE*

女人性感不需要靠胸器來表現，只要擁有水潤柔嫩的翹脣就可以了！脣部保養最重要的就是兩步驟：將彩妝卸乾淨、保持水潤彈力，只要基本的這兩件事都有達成，妳也能擁有性感彈力脣！

經典愛物／
CLASSIC

8 小時潤澤護脣膏 SPF15

我用過非常多不同牌子的護脣膏，但在我心目中永遠的第一名是伊利莎白雅頓的「8 小時潤澤膏」凍傷或乾裂的皮膚跟手腳，都可以擦，有接近完美的修護作用，惟一的缺點就是味道不好聞。我喜歡買這個機場的特別包裝，護脣膏加上八小時潤澤膏，小條包裝好攜帶。

Elizabeth Arden 伊麗莎白
雅頓／8 小時潤澤護脣膏
SPF15／3.7ml／NT700

乳果滋潤脣膏

蕾利歐的橄欖油護脣膏滋潤度很夠，質地水潤不油膩，水潤感能持續很久，已經用掉兩隻了！

L'ERBOLARIO 蕾利歐／乳果滋潤脣膏
／4.5ml／NT500

超值好物／
VALUE ITEMS

好親香柔潤護脣精華

我最近愛用的「護脣精華」，我比較喜歡用這種斜斜的頭，塗抹上比較符合人體工學，而且可以一邊塗一邊按摩，質地不會太黏，但很滋潤喔！

ETUDE HOUSE／好親香柔潤護脣精華／10g／NT220

木瓜霜

這一條木瓜霜好用到號稱是澳洲國民必備品了！護脣效果相當好，也可以用於皮膚的小傷口，復原效果很棒，冬天非常乾燥時，我還會拿來塗「腳後跟」，搭配滋潤乳霜按摩後再穿上襪子，一覺醒來後腳會變得非常柔嫩。

Lucas Papaw／木瓜霜／25g／NT260

樂垢齒白牙膏

唇齒相依，同場加映美齒的分享喔！愛喝茶、
咖啡或有抽煙的美人，牙齒也要保養喔！免得
牙齒變黃或累積菸垢，最徹底的解決方式是定
期去洗牙，並使用居家美白的療程，但別忘了
日常的保養，可以選用去漬牙膏，這款我覺得
算是看得出差異的，但用久了牙齒會稍微酸酸
的，所以我會與敏感性牙齒專用牙膏交替使用。

SUNSTAR ／樂垢齒白牙膏／ 170g ／ NT149

Clean section share

愛美神必殺技／
BEAUTYTIPS

必殺技　①　有潤色效果的「護唇膏」

我一向喜歡用有潤色效果的「護唇膏」，可以
直接拿來當口紅，不需要塗好幾層，這樣嘴唇
也比較不容易脫皮。

進階保養篇 / Basic skin care

Skin care section

6 身體保養 BODY CARE

我時常說皮膚就是我們這一生擁有的唯一一件皮衣,這一件珍貴的皮衣若是用壞、用舊了,可是沒得換的,所以我對全身上下的保養一點也不馬虎。全身各部位都有適用的產品,因為肌膚紋理不同,以及對外接觸頻率、摩擦程度的不同,可挑選不同的成分與質地來修復與提升,從沐浴乳、去角質、緊膚霜、按摩霜到身體乳液、身體乳霜……等,產品五花八門,愛美神為你精挑細選出這些經典好物喔!

經典愛物／
CLASSIC

Caprina 肯拿士 經典原味沐浴乳

冬天我最愛用山羊奶沐浴乳洗澡，滋潤度非常高，洗完澡皮膚比較會持續保水，摸起來柔柔嫩嫩的，而且因為有添加山羊奶，就像貴妃用牛奶洗澡一樣，離牛奶肌不遠囉！

Caprina 肯拿士／
經典原味沐浴乳

橄欖油小麥蛋白
香味沐浴乳／
350ml ／ NT600

│ 愛美神小提醒 │ 用沐浴球搓揉出泡泡後，讓泡泡在身上多停留
10 ～ 20 秒，讓保養成分吸收進去，效果會更明顯喔！

經典愛物／
CLASSIC

Bath & Body Works

這是我從美國念書持續愛用到現在的品牌，便宜又好用，重點是「香噴噴」！每次去美國必扛一堆回來，現在澳門也可以買到囉！雖然比美國貴，但也省了機票錢啦！圖上是我最喜歡的味道「Paris 巴黎戀情」，屬於花果香，以法國鬱金香為主調，聞起來會彷彿置身法國，心情會變超好喔！新款加入了維他命 E，可以提升肌膚彈性及潤澤感。

Bath & Body Works ／保濕香氛噴霧／
236ml ／ NT550

Bath & Body Works ／香水身體乳液／
236ml ／ NT550（左）

Bath & Body Works ／香水沐浴精／
295ml ／ NT550

玫瑰按摩油

我每天都有乖乖擦身體乳，但冬天時天氣乾冷加上暖氣，總讓身體皮膚乾巴巴的，這時就要拿出我的「最愛萬用油」！這品牌的按摩油我已經用了十幾年了，她能很快速地滋潤到每一吋肌膚裡層，按摩完不需要特別擦拭清洗也不會有油膩感，好像枯木逢春一樣呢！皮膚摸起來滑溜溜真好！

Jurlique 茱莉蔻／玫瑰按摩油／ 100ml ／ NT2400

新鮮好物／
FRESH ITEMS

二合一磨砂沐浴膠

Bath & Body Works 出新貨了！洗澡＋去角質一次搞定，2 in 1 好用又方便，超適合懶人的！而且味道香噴噴，聞著就開心！她有分春夏版與秋冬版，春夏版是比較清爽的膠狀，秋冬版是滋潤的乳霜狀，都很好用，但切記去角質產品要考量個人膚質狀況，再確定可每天使用或隔幾天使用喔！

Bath & Body Works ／二合一磨砂沐浴膠
／ 236ml

Soap & Glory　沐浴乳

在泰國旅遊時發現的英國沐浴品牌，看到上面寫著 Shower Butter，心想應該很滋潤吧？愛美神寧可錯殺不可錯放，買回來試用後果然是好滋潤耶！洗完澡肌膚咕溜咕溜的，決定下次要多買一些回來囤貨，哈！

Soap & Glory ／沐浴乳／ 100ml ／ NT2400

乾肌適用！

127

新鮮好物／
FRESH ITEMS

滾珠精油

前陣子才發現這個好物，我覺得非常適合女生使用，可以祛寒暖身，女生月經來的時候，可以把他塗在脖子上，冬天可以把他塗在腳底再穿上襪子，就可以改善手腳冰冷的狀況。而辦公室 OL 或 3C 重度使用者，一定常會有肩頸痠痛的問題，這隻滾珠精油直接結合精油與按摩珠，大小使用起來很有感，有刮痧推拿的感覺，而且不會用到手，使用上很方便。

寶島阿里山夠薑／滾珠精油／60ml
／NT350

愛美神必殺技／
BEAUTYTIPS

必殺技 ① 很多問我怎麼瘦臉？怎麼瘦腿？

很多問我怎麼瘦臉？怎麼瘦腿？其實如果是水腫型的 可以買按摩棒或是刮痧棒，按摩臉部及腿部的「穴道」，幫助血液循環，促進代謝；但如果是肌肉型的，可能就要請專業的瘦身美容師按摩囉！但別忘了按摩時一定要塗抹乳液或按摩油，才不會造成皮膚拉扯傷害。

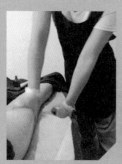

進階保養篇 / Basic skin care

7 頭髮保養 *HAIR CARE*

　　頭長髮也算得上是老吳的招牌，既然是招牌就得好好照顧，因為工作的關係，不可避免的會要時常染燙、做造型，因此日常的清潔保養更是不可忽略。除了要定期修剪髮尾分岔、上髮廊做深層護髮之外，每次洗頭我都會做護髮與按摩，讓髮尾也能吸收足夠的養分，並透過按摩讓護髮素深入髮質。

經典愛物／
CLASSIC

Caviar 魚子醬保濕洗髮露

這是小曼老師送我的，才讓我接觸到如
此高級的洗髮精。因為工作的關係，常
需要變化造型，這瓶能活化受損髮，幫
助頭髮鎖住水分，因為很珍貴，我總是
捨不得使用，所以我常常是在剛染燙完
的那段期間，會用這瓶來修護受損的頭
髮，算是洗髮界的貴婦商品了！

Alterna ／ Caviar 魚子醬保濕洗髮露／ 1000ml

Caviar 魚子醬保濕護髮素

這是同樣系列的護髮素，因為洗髮精
好用，我自己去購買了這罐沙龍專用
size，雖然價格不低，但是愛美神不僅要
顧好皮膚，頭髮也不能忽略。這罐修護
效果很明顯，因為我時常染髮，我會在
染髮後使用這款使用珍貴魚子精華的護
髮素，加強修護因為價格不低，我會和
NEXXUS 混用，節省用量。

Alterna ／ Caviar 魚子醬保濕護髮素／ 1000ml

經典愛物 /
CLASSIC

滋養熱活髮膜

我愛用的護髮膜，特別針對超乾燥的髮質，質地是乳霜狀，所以非常滋潤喔！能深入髮芯，用完頭髮真的會有絲綢般的閃亮光澤喔！也可以和其他乳液型護髮乳混用。

KÉRASTASE 卡詩／滋養熱活髮膜
／200ml

摩洛哥優油

護髮神油 Moroccan oil「摩洛哥油」絕對必推！我是乾性髮質，加上配合工作需求時常染髮、上捲子，頭髮總是很乾燥，用過之後明顯覺得頭髮柔順許多，分子細吸收很快，連手都變得很柔順耶！之前去美國時多虧有他，不然頭髮肯定會乾燥到產生靜電。而油性髮質的人可以選用 Light 版本，質地更為清爽，但效果一樣好喔！

MOROCCANOIL ／摩洛哥優油／
100ml ／ NT.1500

最常用！

保濕護髮乳

這超大罐的是潤絲也可以當護髮～超級好用的，
不管我的頭髮如何的不聽話、打結、毛燥，用了
這罐馬上柔順乖乖聽話！從美國帶回來的價錢比
在台灣買便宜一半喔！

NEXXUS 耐克斯／保濕護髮乳／1.3L

Clean section share

超值好物／
VALUE ITEMS

奢華香水洗髮精

這是我日常使用的洗髮精，最迷人的
是她的香味！持久度比我想的還要
久，而且有很多香調可以選擇，保濕
滑順度也不錯，怪不得號稱是韓國市
佔率第一的洗髮精。以她的大容量跟
價格來看，還蠻划算的喔！

韓國 Elastine ／奢華香水洗髮精／600ml

超值好物／
VALUE ITEMS

直彎兩用梳

我在美國買到的「無敵好用」梳子，可以吹直也可以吹彎，因為是三角型，角度很好掌握、捲度也很自然，連我這個手殘女都可輕易上手，是我的美髮好幫手啊！我在美國藥妝店買的喔～

CONAIR 康尼爾／直彎兩用梳／$9.99

愛美神必殺技／
BEAUTY TIPS

必殺技 (1) 攜帶型「護髮素」

我最愛用的攜帶型「護髮素」，每次出門洗頭都會帶著，然後請髮廊設計師洗完頭髮直接當作潤絲精使用，如果時間充裕，就再包個熱毛巾快速護髮。

CLINICARE 倩碧／強效修護換膚
護髮霜深層修護素

進階保養篇 / Basic skin care

Skin care section

8 手足保養 HANDS AND FEET CARE

說到手足保養，可千萬不能忽略喔！相信許多人在冬天或冷氣房等乾燥環境時，都會記得擦護手乳，但夏天卻往往忽略了這塊，一年只有一個季節保養，要怎麼養出一雙纖纖玉手呢？握手是人際相處上最基本的禮儀，讓雙手肌膚水潤飽滿也會贏得對方的好印象喔！冬天肌膚會比平日更乾燥，雙手接觸冷空氣時間多，更容易感到乾澀緊繃，保養時我會在護手霜之中加上手部精華液，加強保濕與修護，讓雙手保持柔柔嫩嫩。

經典愛物／
CLASSIC

皺效奇蹟妙手回春勻嫩霜

護手霜跟保養品一樣，都有季節與
早晚之分別喔！晚上睡前擦的護手
霜是有含「抗皺成份」的，也稍微
滋潤點，日間用會覺得做事不方便，
睡前用就沒關係囉～在睡眠中持續
保養纖纖玉手。

StriVectin 皺效奇霜／皺效奇蹟妙手回春
勻嫩霜／96ml／NT1700

果酸護手霜

這條果酸護手霜質地輕透，味道清新，
很好推勻，肌膚也能很快吸收，我覺
得比較適合夏天使用，因為使用完很
清爽，不會油膩，可以在白天使用，
不影響手邊正在進行的事情。

Crabtree & Evelyn 瑰珀翠／果酸護手霜／
100ml／NT600

8 小時瞬效潤澤霜

我愛這一條「8 小時潤澤霜」！他
份量大，質地滋潤，用量省，我
已經用了好久好久，終於用完了！
我常在睡前擦在乾燥的雙手、手
肘關節、後腳跟、腳底等較粗糙
的地方，睡醒後，嘿嘿～手腳皆
「萌」！

Elizabeth Arden 伊麗莎白雅頓／8 小時
瞬效潤澤霜／50ml ／ NT690

護手霜

這款是品牌的招牌商品，也是護手
必備好物之一，是乳霜狀的，滋潤
度很夠，保水度也很持久，但不會
黏膩，重點是有好好聞的香氣，如
果有去澳洲玩，當地買更便宜喔！

Jurlique 茱莉蔻／護手霜／125ml ／
NT2000

新鮮好物／
FRESH ITEMS

龜裂 特效深層修護霜

又發現好用的東西了！老吳有個「愛洗手」的小潔癖，有時候清洗過度就會造成手部肌膚乾燥，前陣子逛藥妝店找到了這個說是可修護的護手藥膏，還正在打折，就買來試試，沒想到一試成主顧，非常好用！我要再去買來囤貨囉！好東西分享給有需要的大家。

Aiken／手部關節龜裂 特效深層修護霜／50g／NT220

洗手露

這兩罐是我愛的洗手露，因為台灣還沒有進，我常常去國外扛貨回來，朋友聽到我去扛洗手露回國都快笑瘋了！沒辦法，這罐洗手露又香又保濕，洗完會覺得手柔嫩嫩的，心情也會變好喔！

Bath & Body Works／洗手露／236～250ml

愛美神必殺技／
BEAUTYTIPS

必殺技 1 　護甲油當養油打底

每次擦指甲油前，我一定都會先擦保養油打底，不然指甲容易變黃變脆，這罐護甲油蠻好用的，也可以單擦，單擦會呈現自然的粉紅色，我已經用到第二瓶了，保護效果很不錯喔！我在美容材料行買的。

JORDANA 喬丹娜／嫩護晶甲底油／
125ml ／ NT200

魔鬼藏在細節裡，全身都美美，別忘了手指頭也要美美喔！基本素色或是簡單彩繪都可以為全身的穿著打扮畫龍點睛喔！

Part 3

化妝讓我看見
不同的自己

Different own

觀念分享 / SHARING IDEAS

MakeupTips &Trends

對我而言，保養遠勝於化妝，我可以不化妝，但絕對不可以不保養！因為保養是最最基本的事情，化妝只是修飾美化、隱惡揚善，如果皮膚狀態夠好，彩妝品自然也不需要多囉！平日裡我通常只擦防曬隔離，因為實在很害怕紫外線的威力，若曬黑留斑就麻煩了～只有工作時間我才會化完整仔細的妝，而其他時間能不上妝就不上妝、能多淡就多淡，盡量減少肌膚的負擔。

我在彩妝上的重點集中在眼妝及唇妝，但兩者須取得平衡，眼妝濃則唇妝淡，挑選一個做為妝容的主角。眼睛是靈魂之窗，不同的眼妝畫法、假睫毛樣式都顯露出不同的個性，傳達出你隱藏在內心的故事。而唇妝則能決定你今天的氣場，擦上淡雅裸色，那就是一個溫和知禮的淑女；若是擦上明亮的桃紅色、橘色，那又變成俏麗時尚的潮女；若是擦上強烈渾厚的正紅色，那便能瞬間成為霸氣女王！彩妝的趣味多變就在其中，讓我能展現不一樣的性格，看見不一樣的自己。

底妝 / Foundation

Makeup

經典愛物／
CLASSIC

皇家肌秘極緻煥顏 BB 霜
SPF45 PA+++

愛美神最愛底妝產品——皇家肌秘極緻煥顏 BB 霜，讓整個皮膚超水潤！Etude House 的底妝都有添加保養成分，用起來水潤好推，妝感輕透保濕，我愛用好多年了！很多都會問我用什麼牌子的粉底，其實平常我只用 BB 霜喔！我喜歡皮膚有油亮光澤感，所以上 BB 霜之前「保溼滋潤」的保養程序我一定會做足，最後的重點是——不撲蜜粉，一撲上蜜粉肌膚就會變成霧面感，就不是我愛的光澤肌啦！

ETUDE HOUSE ／皇家肌秘極緻煥顏 BB 霜
SPF45 PA+++ ／ 50g ／ NT980

水凝粉餅 SPF24 PA++

老吳的粉餅很少有用完的，不是因為難用，而是因為我很少帶粉餅出門「補妝」，我喜歡臉上有光澤感，而這款粉餅因為做了雙層效果，有一般粉餅層，又有一層高亮度的珠光，可以打亮，這樣補起妝來還可以維持光感肌，而且粉質很細，妝感也很自然。

RMK ／水凝粉餅 (雙采)SPF24 PA++ ／ 11g ／ NT2340

蜜粉

這罐蜜粉我已經用掉四罐了，起初我是偷看彩妝大師 Roger 使用的彩妝產品，我發現他很喜歡使用他們家的產品，結果靠櫃時嚇了一大跳，價錢是別人家的三倍，但買回來使用之後，才深深了解貴是有她的道理的！她的粉體是淡粉紅色的，粉質很細緻，撲上去後妝感很輕薄自然，很貼妝，用量很省，一罐可以用很久喔！

cle de peau Beaute 肌膚之鑰／蜜粉／ 30g ／ NT3650

潤色泡芙隔離霜

我認為飾底乳是除了隔離霜之外的必備底妝之一，甚至已經將隔離霜融入飾底乳當中，可以說是化妝的第一步驟。有的飾底乳可以修飾毛孔、可以修飾膚色、可以維持妝效，是加強彩妝效果的重要基礎。這款我覺得顏色很自然，有時候不想上妝，我會只擦這隻就出門，因為他有潤色、防曬效果。同系列還有綠色跟粉色，分別針對泛紅肌膚及蒼白肌膚，加上價錢公道，我已經推薦給好多朋友囉！

ETUDE HOUSE ／比比泡芙一號色妝前隔離霜 ／35g ／NT680

新鮮好物／
FRESH ITEMS

逆齡肌密精萃粉底

新購入 YSL 的粉底液，口碑不錯，這款粉底液有添加精華液，比較保濕滋潤，同時兼顧化妝與保養，而且妝效是我最愛的光澤透亮感，適合冬天的乾燥天氣。

YSL 聖羅蘭／逆齡肌密精萃粉底／40ml／NT2400

裸妝粉底液 SPF34 PA++

我最近愛用的粉底是韓國品牌 Espoir ～他是現在最夯的羽毛粉底，只要 1 ～ 2 滴就足夠推勻全臉了，遮瑕力很好，是粉霧型粉底，但又很輕薄，不會感覺有厚重感，但切記不能用太多喔！不然會太乾，也會顯得妝感厚重。

艾絲珀 Espoir ／裸妝粉底液 SPF34 PA++ ／ 25ml ／ US32

無瑕絲光防曬蜜粉餅 SPF34 PA+++

新買的防曬蜜粉餅，有 SPF34 的防曬系數，重點是他們家的粉質很細，可以畫出輕透薄的妝容，且有一定程度的遮瑕力，妝感不會厚重。

GIORGIO ARMANI　無瑕絲光防曬蜜粉餅 SPF34 PA+++ ／ 9g ／ NT2000

蘿拉蜜思密粉

laura mercier 的蜜粉也是品牌招牌商品之一，她也是唯一有針對眼部推出蜜粉的品牌，臉部跟眼部的蜜粉我會分開使用，臉部蜜粉定妝效果好，粉質細膩，自然不泛白，而眼部蜜粉粉質更細緻，顏色稍微明亮一些，可打亮眼圈。

laura mercier
蘿拉蜜思／
柔光透明蜜粉／
29g／NT1500

laura mercier 蘿拉蜜思／
晶亮蜜粉／4g／NT950

愛美神必殺技／
BEAUTYTIPS

必殺技 *1* 萬用蜜粉罐

我的奶粉罐裡面有不同顏色及不同效果的「蜜粉」，這樣蜜粉就不用一盒盒打開來找顏色，還可以自行調配顏色，很方便，這方法我已經用了好幾年了，同學們學起來，深色蜜粉是拿來當修容的喔！

必殺技 2 CC 霜 MIX BB 霜！

冬天皮膚容易乾燥，有天我突發奇想將 CC 霜跟 BB 霜混合在一起使用，因為一個是保濕較好，一個是遮瑕較好，各取一點混合均勻後擦在臉上，再使用海綿延展開，經過老吳實驗，效果還不錯喔！

必殺技 3 便宜好用的「永和三美人」！

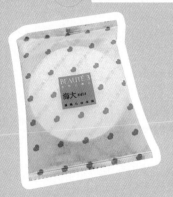

平常上妝用的海綿墊，我都選擇最便宜好用的「永和三美人」，用完就丟，既不會心疼，又能隔離重複使用殘留的細菌，小細節注意到，皮膚就會跟我一樣好喔！

氣墊粉餅大比拚

氣墊粉餅可以說是 2015 年的美妝紅人，很多品牌接連推出，可說是盛況空前呀！許多網友都會留言問老吳氣墊粉餅試用心得，現在就在這邊大公開！

| 愛美神小絕招 ① |

使用氣墊粉餅前可以先上一層 BB 霜或是粉底作為打底，接著在重點部位鋪上氣墊粉餅，這樣做的好處之一是能節省氣墊粉餅的用量，二來能補足氣墊粉餅遮瑕力不足的問題。

| 愛美神小絕招 ② |

氣墊粉餅保存上最容易發生「乾掉」的問題，有一個小動作建議大家：不要把粉底外層的保護貼紙丟掉，每次使用完記得把貼紙貼回去，隔離粉餅與空氣的直接接觸，雖然麻煩了點，可是可以延長使用壽命。

| 愛美神小絕招 ③ |

氣墊粉餅專用的海綿要定期清洗、定期汰換喔！因為氣墊粉餅是液態的粉底，使用完海綿都是濕潤的狀態，如果總是悶在粉餅盒裡很容易孳生細菌喔！這樣長久以來，皮膚也會出問題。我使用完都會清洗、晾乾，並定時更換新的海綿。

品牌	雪花秀	HERA	IOPE	Espoir
品名	完美絲絨氣墊粉霜	HERA UV Mist Cushion 防曬水凝舒芙蕾	水潤光感舒芙蕾粉凝乳	Face Slip Nude Cushion Dewy SPF50+ PA+++
外觀照片	Sulwhasoo PERFECTING CUSHION	HERA UV MIST CUSHION	IOPE	
妝感	光澤感	微光澤感	微霧面	霧面
使用建議	這款主打水潤光澤的妝效，如果想追求皮膚自然透出的光澤，那可以選這款。中、乾性肌膚都適用。	這款光澤度屬於曖曖內含光，有點亮又不會太亮，有修飾毛孔的效果。	這款妝感比較偏霧面，可以改善油性膚質的油亮感，比較適合偏油膚質使用。	這款妝效最為霧感，上妝後有使用蜜粉的妝效，持久度表現很好。
遮瑕度	中高	中高	高	高
愛美神小語	雪花秀共出了兩款，這款可以打造漂亮的光澤感，就像是幫你打上了spotlight。	赫拉的整體表現介於中間直，不管是光澤感還是遮瑕感，都是基本安全的水準，日常外出我會選用這款。	這款對膚色的修飾很不錯，可以改善膚色不均、黯沉的狀況，如果前晚熬夜的話可以用這款修飾氣色。	如果皮膚狀況較差‧需要遮瑕度高，可以選擇此款，但她就會失去了氣墊粉餅的輕透感與光澤度。

眼妝 / Eye make-up

Makeup

經典愛物 / CLASSIC

BOBBI BROWN 眼影

BOBBI BROWN 的眼影也是出名的好用，這盤的顏色是我自己搭配的，我最常是右上跟右中的顏色，這兩色是很多彩妝師及櫃姐都推薦的招牌色，很適合加強眼睛的輪廓、眼尾的深邃度，鼻影也 **OK** 喔！下面兩個深色的我會拿來當作眼線，或是眼尾小三角的顏色，可以讓眼睛更有神。

BOBBI BROWN ／眼影／各 2.6g ／各 NT750

Lunascl 晶巧光燦眼盒

我最常用的眼影 Lunascl，很顯色，亮片很細緻，而且每一盤配色都配的很棒，即使是大地色系也都能做出多層式的變化，能表現出淡雅的眼妝，很多大師級的彩妝師也愛用她們家的眼影喔！

Kanebo 佳麗寶／ Lunascl 晶巧光燦眼盒／5.5g ／ NT1600

雙色眼影

最愛用的眼妝打底～在上眼影時，先畫出自然又深邃眼窩，所以顏色不可以太深，也不能太淺，而這顏色是我覺得最剛好的，我已經用掉兩盒囉！偷偷分享一個撇步，也可以畫鼻影喔！

NARS ／雙色眼影／ 4g ／ NT1200

眼影筆

想化出素顏清新感眼妝，讓眼睛看起來有神而不誇張，可以先用自然的淡咖啡色眼影筆塗在眼窩，再用深咖啡色眼影筆畫在靠近睫毛處，像粗眼線般，再用手指推開，推開範圍別超過雙眼皮，最後再畫上一道細細的眼線，記得所有都要淡淡的，看起來才會「若有似無」喔！

Urban Decay／24/7眼影筆 MIDNIGHT COWBOY、REHAB／US20

重金屬搖滾亮片眼線液

嘿嘿！這是我的「Party」必殺絕技──超級閃亮大亮片眼線，畫在眼線的上方眼摺內，就如我照片上畫的位置，在眼球上方可畫稍微明顯點，眼頭也可一點點，這樣在你眨眼睛時，就可看到一閃一閃亮晶晶囉！

Urban Decay／重金屬搖滾亮片眼線液 DISTORTION／US20

絕對出色～終極防暈眼線液筆

這款可說是我使用過最出色的防水防暈
眼線液筆,他除了防水效果驚人,也能
防油,只有防油才能真正防暈染,所以
當我上淡妝時,臉上幾乎沒有粉可以定
妝,卻只有他還可以維持美好的眼妝,
不會暈成熊貓眼。

ETUDE HOUSE ／絕對出色～終極防暈
眼線液筆／ 0.5g ／ NT680

神乎其技快乾造型眼線筆

這款眼線液筆 CP 值很高,畫筆很細,可以畫出細緻的線條,筆頭
彈性也好控制,而且有基本防水效果,最重要的是價錢非常親民,
大推!

ETUDE HOUSE ／神乎其技快乾造型
眼線筆／ 0.8g ／ NT390

眉筆

分享我每天都在用的眉筆，容易上色，顏色選擇多，我會先用淺色畫眉頭，帶過之後才用深咖啡色描一點點眉尾的線條，切記下手一定要輕柔，免得變成兩條毛毛蟲喔！

shu uemura 植村秀／眉筆 H9 灰棕 02
H9 胡桃棕 07／NT720

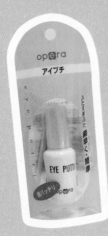

雙眼皮定型膠／假睫毛膠

愛用多年的假睫毛膠，數不清用掉幾瓶了，白色膠水乾掉後呈透明狀，黏著力強，但也好撕除，重點是味道不臭喔！有很多假睫毛膠會有化學白膠味，這款不會喔～

OPERA／雙眼皮定型膠／假睫毛膠／8g
／NT249

超值好物／
VALUE ITEMS

我行我色時尚眼彩盒

不會化眼妝的朋友可以用不同深淺
的大地色畫出輪廓深度,再用帶亮
粉的顏色點綴眼頭與眼皮中間,有
畫龍點睛的效果,來試試看吧!

ETUDE HOUSE／我行我色時尚
眼彩盒／NT450

DETAIL
CHECK!

素描高手造型眉筆

我的眉筆新歡～這款蕊心比較硬,
是我專門用來雕塑眉尾的線條,所
以比較不容易「眉尾失蹤」喔!因
為有時候畫眉尾時,線條會不見,
但這隻不會喔!最重點的是價錢便
宜,一支台幣 150 元,用完還可以
換補充眉蕊喔!

ETUDE HOUSE／素描高手造型
眉筆／0.2g／NT220

超值好物／
VALUE ITEMS

DRAMMA.Q 眼線

DRAMMA.Q 的眼線筆刷頭好控制，重點是持久度跟飽合度都很不錯喔！價錢更是吸引人；而同系列的眼線膠筆使用上很方便，是免削旋轉式的筆芯，粗細適中，防水效果不錯，有四色，每色都很好搭配喔！

DRAMMA.Q ／超完美防暈染
防水眼線液筆／0.2g／NT220

DRAMMA.Q ／旋轉式持久防
水眼線膠筆／0.3g／NT199

愛美神必殺技／
BEAUTYTIPS

必殺技 **1** 玩妝最高境界！

妝容與服飾需要互相搭配，這才是玩妝的最高境界，彩色眼線筆的好處就在這。配合衣服的顏色，我特別畫了個「湖水藍綠色」，重點是要先在眼窩打底，製造深邃的眼神，最後再以鮮艷色彩畫在眼褶處，記住：不可以超過眼褶，若超過了眼睛會變成泡泡眼喔！

必殺技 **2** 假睫毛收納盒

這是我養的毛毛蟲，哈哈～不是真的毛毛蟲啦！都是我的不同款式的「假睫毛」，這樣收納的方式非常方便，就不用一盒一盒的找，而且更省空間，一目了然 這是我跟化妝師們偷學來的撇步喔！

相信大家都有戴過瞳孔變色片，有一個愛美神絕技要告訴大家──當你戴越淺色的變色片時，你的眼線就要加強，加黑、加粗，最好戴上假睫毛，因為我們輪廓沒有外國人的深，所以淺色眼珠會讓眼睛變得無神，所以要加強眼神喔！

必殺技 4 妝容濃淡適中

當你的眼妝使用強烈的顏色時，例如：
煙燻妝，雖然可以讓眼睛有放大的效
果，但也會讓人覺得濃妝，而產生了
距離感。這時搭配的腮紅、唇膏、眉
毛……等彩妝都要盡量以淡淡的清澈帶
過，這樣才能平衡妝感，讓妝效柔和。

脣妝 / LIPS make-up

Makeup

經典愛物 /
CLASSIC

Melted Liquified Long Wear Lipstick

最近愛用的脣彩是一直都很喜歡的美國品牌 **Too Faced** ～包裝像脣蜜，顯色度卻像是脣膏一樣，顏色飽和持久，我會先擦一層護脣膏，讓她更有光澤豐潤感。

Too Faced／Melted Liquified
Long Wear Lipstick／US21

炫彩水感潤澤脣蜜

這兩年霧面口紅當道，不過最
近水潤感的液態口紅又回來
了！水潤又自然，顏色淡雅很
適合春天氣氛！

CLIO 珂莉奧／炫彩水感潤澤脣蜜 03
／ 3.2g ／ NT380

啾嘻軟糖密脣膏

這隻可愛口紅雖然看起來顏色很鮮豔，但擦起來是透明水感的，滋潤效果不錯，但若想要顯色可能要多擦幾層喔！

ETUDE HOUSE ／啾嘻軟糖密脣膏 ／3.4g ／NT42

絕對完美脣膏

這個口紅顏色很特別，是我觀察幾位國外超模都擦這色，但這顏色實在很難形容，芋頭紫加一點金色？但是要提醒大家，這顏色擦起來非常淡，照片拍不出真正的色澤，擦起來比我原來的脣色還要淡，比起白美人，應該會更適合小麥肌美人喔！但別忘了眼妝要化美一點，更能襯出低調奢華感。

Lancome 蘭蔻／絕對完美脣膏 302 ／4.2ml ／NT1050

Style section share

愛美神必殺技／
BEAUTYTIPS

必殺技 ① 好用口紅盤

口紅控一定會有的困擾是──今天要挑哪一隻出門？沒辦法全部帶，又猶豫不知道要帶哪一隻，讓愛美神介紹大家一個好用的小工具──「口紅盤」，我會把不同顏色的口紅、護唇膏、膏狀腮紅挖一點放在裡面，這樣隨時要擦護唇膏或補口紅、補腮紅都可以一盒搞定，還可以調色，出門也方便攜帶，在一般美容材料行就有賣喔！

必殺技 ② 正紅色口紅畫法

我很少用大紅色口號，怕hold 不住，但今年大紅唇正夯，經過高人指點，只要將上唇畫的稍薄，嘴角畫微翹，這樣就不會血盆大口囉！

修容 / SHADING POWDER

Makeup

經典愛物 / CLASSIC

炫光腮紅

NARS 的腮紅是出了名的好用，這三盤腮紅效果很好，其中粉紅色的兩盤都有亮粉，使用時不可以求快，要一點一點慢慢刷上，盡量往臉部蘋果肌最高點刷，免得變成「閃亮包子臉」喔！橘色這盤是有名的「高潮」，用起來不像其他橘色腮紅會讓臉色變暗沉，反而能產生自然的好氣色。

NARS ／炫光腮紅／ 4.8g ／ NT1000

腮紅

這兩枚可說是老吳多年來的腮紅
戰將，陪伴我闖蕩多年，哈！這也
是很多好萊塢明星、名模、名人們
都愛用的彩妝品，顏色擦起來超粉
嫩的，充滿粉紅泡泡的顏色。

KEVYN AUCOIN ／ THE CREAMY
GLOW
URBAN DECAY ／ AFTERGLOW

雙色腮紅盤

這是某一年周年慶他推出的限量特別
色，這一盤我很常使用，除了有最愛
的「高潮」，另一個較深色的可以修
容，這個尺寸帶出國很方便。

NARS ／雙色腮紅盤／ 4.8g ／ NT1000

漾香腮紅膏

BOBBI BROWN 的腮紅膏我幾乎天天使用，一來是因為使用上很方便，像印章一樣往臉頰蓋章，點一點、推一推，很輕鬆就上色了；二來是顏色很粉嫩，可以透出好氣色，妝容自然；三來是持妝力驚人，幾乎不太需要補擦喔！

BOBBI BROWN
／漾香腮紅膏／
6g ／ NT 1050

新鮮好物／
FRESH ITEMS

脣頰膏

3CE 的脣頰膏一物兩用，攜帶方便，使用在臉上的顏色是粉嫩粉嫩的，看起來氣色很好，很適合淡妝使用喔！

3CE(3 CONCEPT EYES)
脣頰膏／5g ／ NT599

立體五官雙頭修容筆

發現了個新鮮貨，猜猜是什麼？是雙頭修容棒喔！一頭修容膏、一頭刷子，而且出了很多色，有腮紅也有修容，想要修飾臉型或打亮、畫鼻影都可以，重點是方便使用，而且效果不錯。

MISSHA／立體五官雙頭修容筆／3.5g／NT.300

Waterproof Eye Crayon

想要讓鼻子看起來「高挺立體」就要使用 high-light 筆！在用完 BB 霜或是上完粉底後，還未撲密粉前，在鼻子最高處順著鼻樑輕輕畫下一條細線，再用手指稍微推勻，讓線條看起來自然，切記不能畫太粗，不然會變成寬鼻子。也可以點亮眼頭，有開眼效果喔！

愛美神必殺技／
BEAUTYTIPS

必殺技 ① 奇蹟手指讓腮紅重展魅力

腮紅使用久了，有時候會感覺刷不上色，也就是刷子無法抓粉時，可以用棉花棒在腮紅粉體上刮幾下，把表層的髒污刮除，這樣就會恢復囉！

必殺技 ② 定期清洗刷具

提醒大家要定期清洗化妝刷具，如果不定期清洗，上面可是會滋生超級多細菌，會危害肌膚喔！首先準備一個容器，倒進刷具清洗液後，然後依照刷具上的彩妝顏色深淺，分區浸泡 10 ～ 15 分鐘後，用清水沖洗乾淨，自然晾乾就好，千萬不可以用吹風機吹乾，那會傷害刷具的毛喔！

171

Part 4

我運動，所以我快樂

The process of life

基礎班 / BASIC CLASS

太多人問我怎麼保持身材,所以我決定分享我的健身日記,教各位同學我的健身及運動方法!接下來,吳老師上課囉!

★ 第一課

| 訓練部位 | 腹部、臀部

手肘在肩膀在正下方,屁股夾緊往內縮,小腹用力向內縮,也就是所謂的「縮肛提腹」,持續撐兩分鐘, 盡量維持上半身持平。記得用鼻子吸氣,嘴巴吐氣。做這個動作前可將瑜伽墊折厚一些,不然手肘不舒服喔!

平板撐算是我的基本熱身,差不多花兩分鐘。先穩定核心肌群,幫助全身肌肉甦醒。

基礎班 / BASIC CLASS

> ★ 第二課

| 訓練部位 | **大腿後側，側腰**

　　記住身體要正，骨盆要正，腿打直「膝蓋一定要直」，腳尖記得往前延伸。然後身體往下壓，盡量貼進腳，頭頂到膝蓋，但還是要依各人的柔軟程度啦！我自己都還沒練到整個身體貼住腳，但這動作有強大的暖身拉筋效果喔！

★ 第三課

| 訓練部位 | **手臂、腰線**

　　一手臂伸直，一手抱腰，然後身體往側彎，記住保持膝蓋打直，讓身體盡量靠近腿部。這動作可雕塑腰部曲線，動作看似簡單，但做起來才知道原來自己的「腰骨」很硬耶！做完全身都痠耶！這動作有拉筋跟運動的效果，上半身、腰、腿手臂都有練到！

基礎班 / BASIC CLASS

★ 第四課

| 訓練部位 | **臀部，大腿後側**

　　在做這個動作之前，一定要先暖身拉筋！先彎下腰，將腿打直，接著依每個人的柔軟度，選擇做「指尖觸地」、「半手掌貼地」、「雙手指交叉」、「雙手掌貼地」。大家如果仔細

● 指尖觸地

● 半手掌貼地

看照片裡面我腿部及臀部的肌肉，是否有拉直的感覺，還可以看到肉也緊緻許多，如果你不想要屁股下垂、肉鬆弛，就多做這運動吧！這不見得是瘦身，但一定可以幫助雕塑身體的線條。

◆ 雙手指交叉　　　　　　　　　◆ 雙手掌貼地

基礎班 / BASIC CLASS

　　想挑戰進階版的朋友，做好先前的動作，等筋慢慢軟了，可緩緩踮起腳尖繼續拉長大腿後側，拉長肌肉及筋的位置，最後把頭抬起，眼睛看地面。最後一個高難度動作是維持不動，然後緩緩蹲下，HOLD 住，記住：腳尖要一直踮著喔！做完這一個循環可以很明顯感覺到臀部的痠痛，那就是有訓練到微笑線喔！重覆 5 ～ 6 次。

① ② ③

★ 第五課

| 訓練部位 | **腰線**

　　首先側身躺平，手肘與肩膀垂直，雙腳併攏，靠近地面的那張腳屈膝呈直角。利用腰部的力量將身體撐起，同時將上方那隻腳抬起延伸。用力時吐氣，肩膀放鬆，尤其是全身撐起來時，大家要注意肩膀，小心別受傷了。一開始可先不加入腿部延伸的動作，只要腰部撐起、放下連續 15 次即可。

基礎班 / BASIC CLASS

★ 第六課

| 訓練部位 | **胸部、蝴蝶袖**

　　屁股往後蹲馬步，背打直，手拿啞鈴（我拿 2 公斤的）慢慢往側邊外部伸展打開，如圖 1、2、3、4 步驟，到最後手臂平行展開時，要 hold 住十秒，這樣來回幾下，hold 的我快爆筋了啦！ hold 不住的人，也可以拿一公斤的啞鈴喔！不勉強才是長久之道。

基礎班 / BASIC CLASS

★ 第八課

|訓練部位 | **臀部**

　　想要練出「翹臀」的最基本的動作就是「深蹲」，屁股要用力往後翹起來，而不是放鬆坐下，膝蓋不超過腳尖，屁股要撐著喔！照分解圖深蹲、站起、再深蹲，連續做 50 次，做完會感覺整個大腿跟大腿後側痠痛無力～那就做對了！

①

②

③

基礎班 / BASIC CLASS

Stay in shape

> ★ 第九課

| 訓練部位 | **核心肌群、胸部、臀部、手臂**

　　這是難度較高的複合式全身性運動，主要是訓練穩定核心肌群＋提臀＋提胸，還有緊實手臂甩掉掰掰肉。手臂往胸部合起來時，腹部臀部用力單腳提臀，當手臂往下放時，再讓臀部稍微放下，但不能落地喔！同學們如果做不來，可以先讓屁股著地休息一下。

★ 第七課

| 訓練部位 | **臀部**

　　先穩住核心肌群，背打直，緊縮腹部，臀部用力夾緊，持續 hold 住。然後頭腳成一直線，這時靠的是彎曲的大腿站穩，接著腳收回，恢復步驟 1 姿勢，再換邊做。一邊做 15 ～ 20 次喔！會腿軟的人可以自行減少次數。

這時靠的是彎曲的大腿站穩喔！

進階班 / BASIC CLASS

★ 第一課

| 訓練部位 | **核心肌群**

　　TRX 是「懸吊式阻抗訓練」，破壞平衡來加強核心肌群的鍛鍊，所以需要更用力。一般人能認真做半個小時就算蠻厲害的，可以讓你揮汗如雨。TRX 用「手掌撐直」平板撐是更高難度的，初學者其實可以用手臂撐，用手掌撐，身體一定要水平成一直線，肚子需要 hold 住更多力，來穩定身體。

★ 第二課

| 訓練部位 | **臀部**

　　弓箭步練蜜桃臀，一腳套上足圈，一腳膝蓋與腳尖平行朝前方，一樣肚子 hold 緊，另一腿往後延伸，上半身像跑步的姿勢，看照片就可看出，屁股用力啦！

進階班 / BASIC CLASS

★ 第三課

| 訓練部位 | **核心肌群、臀部、腿部**

　　身體往前彎曲成倒 V 型，用下半身腿部往前彎曲，除了肚子及下半身的 Core，也就是核心肌群，需要用到臀部及大腿的力量來伸展，然後在往內收，上半身要記得保持背部還是挺直的，不要駝背及肩膀不要往內縮，完全要靠肚子、臀部、腿部的力量。

進階班 / BASIC CLASS

★ 第四課

| 訓練部位 | **手臂、核心肌群、背部肌群**

　　這個動作可以幫忙剷除蝴蝶袖，但角度越大越不容易，真的非常難，我自己也無法多做幾次。這動作比較多使用上半身的核心，後腳跟要頂住，雙手握繩，挺胸，先用手臂，靠肚子跟手臂力量，往前後拉，完全是跟地心引力對抗，我每次做這運動時，傾斜度越大，幾乎都會「啊」個不停或「咿」的哇哇叫，尤其是傾斜到 45 度或 35 度時，我叫的越大聲……

40°

35°

進階班 / BASIC CLASS

★ 第五課

| 訓練部位 | **臀部**

　　深蹲一直是我做的很踏實、很標準、而且經常做的強項之一，目的就是練出翹翹。蹲的時候最重要的是，屁股要盡量往後翹，而不是整個屁股坐下來喔！下蹲的時候，膝蓋不能超過腳尖，不然除了用錯力量之外，還容易讓膝蓋受傷。可以想

像成蹲馬桶的感覺，以半蹲懸空的姿態，屁股是重心，要用力
hold 住，然後再站起、再蹲下，負重是更高階的加強訓練，加
強自己的深蹲穩定度。

進階班 / BASIC CLASS

★ 第六課

| 訓練部位 | **深度核心肌群、腹部**

　　腹部負重可以訓練練深度核心肌群及雕塑馬甲線，雙手持重量球，力量集中於腹部，穩住肚子的力量，等於是難度更高的仰臥起坐。腳掌勾緊器材，雙手打直抓著球，穩住肚子核心之後，再慢慢往後傾斜，手放的越後面，肚子更要 hold 緊，然後再慢慢回復，做完，保證肚子有緊實感。

進階班 / BASIC CLASS

★ 第七課

| 訓練部位 | **側邊腹肌**

　　雖然看似簡單，動作優美，但一樣也是核心要穩住，盡量不要用錯力量在手臂單撐著，會讓手臂受傷，力量全部集中在側腹及臀部，屁股不要掉下來，讓側腹上下運動。當另一隻腿要抬起來時是更難的，因為側腹需要更大的支撐力，但是大家可以從照片中看到，當腳擺動時，側腹的確是更用力、更有曲線的。

進階班 / BASIC CLASS

★ 第八課

| 訓練部位 | **下腹部核心肌群，大腿前內側**

　　平躺在長椅，雙手抓穩椅面、藉由夾球，使用大腿前內側的力量，去帶動下腹的肌肉，大腿前內側，要用力 hold 住球，然後把骨盆帶起，讓腰懸空，進而收縮下腹肌，順便可緊實「妹妹」喔！因為那裡會需要緊實用力，哈哈哈（好害羞喔！）

★ 第九課

| 訓練部位 | **下背肌肉、臀部肌肉、腰線肌肉**

　　腰部以上躺在椅子上，腰部以下懸空，手握緊椅子的把手，穩定自己的重心，藉由夾屁股的力量，把下半身懸空起來，主要是練屁股跟腰線的力量，屁股肌肉用力收縮時，抬高臀部腿部，注意：把下半身騰空起來的高度，要以自己的能力調整，免得用錯力反而會傷到腰喔！

進階班 / BASIC CLASS

★ 吳老師小教室

 要怎樣才能擁有纖細的小腿？

 老吳我從以前就有「抬腿」的好習慣，睡前把腳抬高，盡量垂直靠在牆上，或是循環開闔剪刀腳，舒緩腿部因久站而累積的壓力，或走太久所造成的痠痛，也可以訓練大腿內側喔！

Q 最近跑步好夯，但很怕跑完會有蘿蔔腿，怎麼辦？

 心臟也是一塊肌肉，跑步能訓練心臟，對心肺功能、燃燒脂肪是很有幫助的，只是要用對的方式跑，還要注意呼吸喔！不過跑步的確容易造成小腿、大腿前側有肌肉，所以每次跑完，記得幫腿部舒緩按摩，用手指按摩小腿肌肉，按在蘿蔔的位子，按摩要夠用力喔！這樣可減少「蘿蔔」的形成，也可以幫助乳酸代謝，比較不會痠痛。

Q 健身一段時間了，體重沒有減少，還有點增加，是怎麼了呢？

A 相信大家都有這種經驗，經過不斷的健身，體重卻沒下降，一定很挫折吧？哈～同學們遇到這樣的情形別擔心，那是因為身上的肉變成結實的肌肉了喔！所以是肌肉重啦！體脂肪是低的就好，別被數字騙了！

Q 常穿高跟鞋，身體有點脊椎側彎怎麼辦？

A 常需要穿高跟鞋的 OL 們，可以找個家人朋友一起做這個運動，但仍要小心，幅度要拿捏，把脊椎骨拉展延伸，讓脊椎放鬆，恢復正常的狀態，但若是嚴重的側彎，還是得去看醫生喔！

Part 5

愛美，請對自己
嚴格一點

Beautiful requires effort

瘦身觀念 / ABOUT DIET BEAUTY

身為演藝工作者，老吳必須努力保持體態，加上工作時間不定，所以基本上每天只吃兩餐，但若有重要表演時，為了螢幕上好看，我會再做密集的減肥瘦身計畫，坊間有許多減肥瘦身的產品以及獨門減肥法，每每廣告詞都說得讓人好心動，但經過老吳多年來的經驗，真正有效又健康的瘦身法沒有別的，就是運動健身，並配合飲食控制！

運動健身的效果不是速效，但瘦後效果卻是最持久的，飲食控制能加乘運動瘦身的效果，真心想減肥的朋友，可以適度進行「輕斷食」，減少熱量的攝取，多吃蔬菜、水果，或用麥片來取代主食。

減肥期間還是可以吃肉喔！吃肉可以補充蛋白質，但我會只吃水煮的，不加油下去炒，免得吃入過多的油脂負擔。此外澱粉類我會盡量避免，特別是精緻的澱粉，如白飯、麵包、麵粉等，容易形成脂肪，要額外留意。

PART
⑤

About diet beauty 美麗需要努力

★ 第一餐選擇

　　我每天的第一餐幾乎都是一杯咖啡或麥片，我選擇的是三合一沖泡式即溶麥片，甜鹹都可以，但甜的我一定選喝「減糖」的，熱量只有 138 大卡喔！此外一定會再加入大量的「大燕麥片」，因麥片裡含有水溶性纖維，可降低「膽固醇」，也有助降低「體脂肪」，減少心血管疾病，是很健康的飲品喔！

　　有時候肚子比較餓的話，我會再搭配全麥蘇打餅或水果，全麥蘇打餅的熱量很低，而且很有飽足感；水果更不用說了，含有豐富的纖維素與水分，可以促進腸胃蠕動、清除宿便，也幫助剛睡醒的腦袋醒醒腦，我最常吃的是蘋果、芭樂、草莓、香蕉。

★ 第二餐選擇

　　第二餐可以多吃蔬菜水果，我常常川燙一大盤青菜或是自製生菜沙拉，反正蔬菜熱量低，又能幫助消化，吃一大盤也不會有罪惡感！沙拉可以斟酌加入豆腐、水煮鮪魚、水煮雞胸肉、水煮里肌片、番茄、奇異果等熱量較低的食材，一來增加美味度，二來讓口感升級。沙拉醬我喜歡將紫蘇醬與芝麻醬混合，這樣紫蘇的酸甜跟芝麻的香氣加起來剛剛好～哈！算是我個人喜好～對了，芝麻醬要選用零卡或低卡的喔！不然就前功盡棄囉！

　　但是水果部份則要慎選糖分較低的水果，如芭樂、蘋果、草莓都是不錯的選擇，免得晚上攝取熱量飆高喔！蘋果我喜歡切薄薄的，然後泡點鹽水，讓他不會氧化變黃，切薄片可以吃比較久，咀嚼多次可以增加飽足感。外出工作時就放在保鮮袋裡帶著走，安心又健康！

輕斷食筆記 / ABOUT DIE NOTE

此外我還會搭配減肥好物—蒟蒻，口感脆脆的，吃起來很清爽，喜歡重口味的話，可以配上咖哩醬汁，吃完很有飽足感喔！

有時候單吃青菜或水果，還是會覺得肚子很空虛，這時候我會煮一鍋暖暖的熱湯，暖胃又能增加飽足感。我最常煮的湯是蔬菜湯跟麻油湯，蔬菜湯只要把冰箱有的蔬菜全部丟進去煮，不僅能幫助身體腸胃蠕動，也能清冰箱喔！也可以加一些低脂的肉片或海鮮，如蛤蠣、鯛魚片等等，但是要切記兩個重點──少量多餐、調味清淡！

麻油湯的步驟很簡單，先用麻油炒老薑爆香，加進食材後再加米酒，熬煮到沒有酒味就可以了！喜歡酒味重的，可以減少燉煮的時間。怕吃起來油膩的話，可以等燉煮完再把麻油撈出來喔！麻油對女生很好，MC走後可以順便補補身體，而且與各食材都適合，要搭配海鮮、蔬菜、各種菇類都沒問題，猴頭菇是我的心頭好，養生又低熱量～但喝的時候還是要把麻油撥掉比較好喔！

麻油湯在中醫中屬於熱補，很適合體質虛寒、怕冷、手腳冰冷的人，但如果體質偏燥熱的人，就要斟酌攝取量，盡量避免喔！

輕斷食筆記 / ABOUT DIE NOTE

★ 外食選擇

　　在外工作不可避免會遇到外食的時候，我通常會選擇火鍋，而且是單點式的火鍋店，免得沒有節制吃到太撐，傷胃又增肥。吃火鍋只要掌握幾個訣竅，也不會打亂你的減肥計畫喔！首先請選擇清淡的湯頭，以蔬果熬煮的湯頭是首選，醬料能不沾就不沾，若真的要沾，也要以看的見食物原形的酌料為主，如：蘿蔔泥、青蔥、蒜蓉等，再加上去油的沙茶醬。接著請多吃蔬菜，先以蔬菜墊墊胃，低熱量高纖維能提供飽足感，少吃加工製品，如丸類、餃類等火鍋料。

　　若沒有火鍋可選擇，也優先挑選菜單中的蔬菜、菇類、海鮮……等脂肪量較低、調味較清爽的菜餚，盡量減少澱粉的攝取量，這樣才可以 HOLD 住你的減肥計畫。

 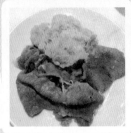

★ 零食選擇

　　減肥期間～每餐之間如果肚子餓或嘴饞，可以選擇低熱量的水果乾，像是草莓乾、杏桃乾等等，糖份不高，熱量也低，重點是酸酸甜甜好吃又解饞；也可以泡個玉米穀片牛奶，補充營養又不會發胖；當然也可以選擇其他糖份低的水果，並不是吃水果餐就會瘦喔！鳳梨含有豐富的纖維和鳳梨酵素，特別是鳳梨芯的部分喔！可以幫助腸胃消化；葡萄補血又抗氧化，都是養顏美容的好水果喔！

★ 營養品選擇

　　腸胃不順也是容易導致肥胖的原因，不僅會影響營養素吸收，更會加速皮膚老化喔！老吳一直以來都有腸胃道的問題，所以我時常會補充藍藻、綠藻、乳酸菌、酵素……等幫助排便的保健品，來幫助腸胃蠕動更順暢，我常常變換不同牌子的產品，多多少少都有效果喔！只要選擇安全可信賴的品牌就可以囉！此外也可以時常幫腹部做按摩，以肚臍為中心，順時鐘繞圈圈按摩，既可以促進腸胃蠕動，又可以雕塑腰腹部線條，一舉兩得！

　　減肥期間因為減少進食，容易缺乏身體必需營養素，也容易流失膠原蛋白，所以更要加強補充維他命、膠原蛋白等健康食品，才能顧好面子也兼顧裡子喔！維他命 B 可以提振精神、補充元氣；維他命 C 可以養顏美容又提升免疫力；蔓越莓萃取精華對女性非常好，若容易有尿道炎的人可以適量補充喔！

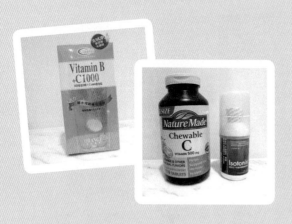

★ 補充維生素 C ── 美白養顏

　　每到夏天愛美神我都會 DIY 能幫助美白、養顏美容的「蜂蜜檸檬汁」，消暑又好喝，偷偷告訴大家一個偷吃步，可以到果汁店買一杯純的現壓檸檬汁，再自己回家加入蜂蜜，用果汁機再打一下，就完成了這道消暑聖品囉！這樣也不用擔心手指會沾染到檸檬皮上的感光成分，也不用費力氣努力榨汁唷！

★ 補充膠原蛋白 ── 維持肌膚彈性

相信大家都知道膠原蛋白對女人的重要性，也知道膠原蛋白會隨著年齡而流逝，造成肌膚老化、皺紋、鬆弛，所以我平常都會大量攝取天然的膠原蛋白，例如牛筋、豬腳筋、牛腱肉裡的筋、魚皮、豬腳、木耳……等，吃起來ＱＱ滑滑的，熱量也不高喔！

除了天然的以外，坊間也有很多擦的、吃的膠原蛋白產品，雖然目前有一派說法認為吃的、擦的都沒有用，但老吳我還是抱持著「寧可信其有」的想法，喝咖啡、茶飲、麥片時會倒入一包膠原蛋白粉，雖說不知道到底有沒有效果，但有喝有保祐，至少沒有負面影響啦！

★ 爽聲潤肺 —— 避免職業傷害

　　做為演藝工作者，維持好的身體狀態是基本的尊重，有時候在冬天穿夏裝拍照、在夏天穿冬裝拍戲，不小心就感冒了，

　　之前感冒時咳嗽咳到總覺得肺都快咳出來了！趕緊買了超級出名的「川貝枇杷膏」回家泡熱水喝，喝完感覺喉嚨舒服好多喔！近幾年來台灣霾害嚴重，吸呼系統不好的朋友也可以適量飲用潤肺爽聲，特別是秋天時，可以改善肺燥的症狀。這瓶川貝枇杷膏不同之處再於他多加了川貝粉，開罐之後要先把川貝粉攪拌均勻再沖泡喔！

★ 補充各種營養素，促進腸胃蠕動

　　多吃水果對身體幫助很大，可以提供膳食纖維、各種營養素，促進腸胃蠕動、補充身體所需，但以中醫立場來說，各種體質有不同的養生之道，若是體質虛寒的人，就不能再吃太寒的水果，像是梨子、香瓜、西瓜，正感冒的人也不宜多吃；而若是燥熱體質的人，就不能吃太過燥熱的水果，像是柑橘、荔枝，就算愛吃也要節制。而最適合各種體質的水果之王就非蘋果莫屬了！蘋果性溫，又含有豐富營養素，是很好相處的水果喔！

Part 6

穿搭風格
配色哲學

Fashion looks

White

純潔白

　　白色是我最常穿搭的顏色，因為白色就是百搭！配任何色都沒有違和感，可以顯露出年輕與純潔的氣息。有些人會怕穿白色顯胖，其實重點在於下半身不要穿白色，讓視覺產生收縮的效果，就不會覺得放大了！

Pink

粉嫩好氣色！

　　我愛穿粉色衣服，可以襯托出好
氣色，也可以展現出青春無敵的可愛
感！女孩心中永遠都住著芭比娃娃，
（我心中也仍住著女孩～哈！）有些人
會覺得粉紅色太甜美，可以和白色搭
配，可以中和粉紅色的甜膩，也可以用
深淺不同的粉色做出層次感，
讓粉色穿搭變化更多可能。

Yellow and Green

PARTY 亮點黃綠色！

出席 PARTY 時我會選擇一些比較搶眼、跳色的顏色，像是黃色、綠色，也由於這兩色比較少人選擇，通常都可以成為派對上的焦點喔！別以為只有膚色夠白才能穿亮色衣服，小麥色肌膚的穿搭亮色系的服裝也會很搶眼喔！平日私服穿搭中，黃綠色是全身的點綴配件，比如說簡單的白上衣，搭配黃色圍巾就能讓整個人為之一亮。

Brown

溫暖大地色

大地色屬於暖色調，也是穿搭的基本色，是很親切的色調，哈！大地色由深至淺都能展現出不同的形象，搭配波西米亞風格時特別能展現他的暖調。此外，風衣、襯衫、卡其褲等也都是穿搭中基本的單品，很適合上班族搭配，能展現端莊、正式與專業的形象。

Gray and Blue

百搭藍灰色

　　藍灰色屬於穿搭中的基本色，像是一般灰Ｔ恤、牛仔褲都是經典的基本款，能融合在各種風格與色系當中，不用擔心配色問題。可以展現很休閒、casual的穿搭，也可以展現知性、時尚的LOOK，是很好上手的百搭品。

Black

神秘黑

　　基本上我很少穿黑色衣服，因為黑漆漆一片，總覺得很無聊，我會在材質款式做挑選，以減少黑色的單調感。我通常是在秋冬才會穿上黑色的衣服，比如皮衣、皮褲，可以展現帥氣的形象；想要低調的時候，也會選擇安靜的黑色，減少他人的注目；或是想要做壞事的時候，像小偷、忍者不都是穿黑色的嗎？哈哈！不過我黑色衣服真的很少噢！

Bikini

比基尼！

　　我挑選比基尼的唯一重點是「亮色系」，可以襯托膚色，款式不是我最優先的考量，因為比基尼對我來說就是「運動服」，我不會刻意挑選深 V 或布料超少的款式，這對於真正在運動的我來說，太容易穿幫了！大家挑選比基尼時可以挑選小一號的，因為經過日常穿著與洗滌，布料會漸漸變鬆，穿起來就比較不能修飾身形，而若想要展現較飽滿的胸型，則可以選擇小一個罩杯的，讓胸部更顯集中。

VIS0027

人生再痛也要堅持美麗

童顏女神吳玟萱不藏私公開保養、健身、飲食、穿搭四大逆齡絕招

作　　者／吳玟萱
文字協力／王嬿晴
人物攝影／子宇影像有限公司
美術設計／果實文化設計工作室
責任編輯／林巧涵
執行企劃／林倩聿
化　　妝／翁欣怡
髮　　型／彭紀螢
董 事 長
　　　　　／趙政岷
總 經 理
總 編 輯／周湘琦
出 版 者／時報文化出版企業股份有限公司
　　　　　10803 台北市和平西路三段 240 號七樓
　　　　　發 行 專 線／（02）2306-6842
　　　　　讀者服務專線／0800-231-705、（02）2304-7103
　　　　　讀者服務傳真／（02）2304-6858
　　　　　郵　　　　撥／1934-4724 時報文化出版公司
　　　　　信　　　　箱／台北郵政 79 ～ 99 信箱
時報悅讀網／http://www.readingtimes.com.tw
時報風格線粉絲團／https://www.facebook.com/bookstyle2014
電子郵件信箱／books@readingtimes.com.tw
法律顧問／理律法律事務所 陳長文律師、李念祖律師
印　　刷／詠豐印刷有限公司
初版一刷／2016 年 1 月 22 日
定　　價／新台幣 380 元

國家圖書館出版品預行編目(CIP)資料

人生再痛也要堅持美麗 / 吳玟萱作.
-- 初版. -- 臺北市：時報文化, 2016.01
ISBN 978-957-13-6484-1(平裝)
1.皮膚美容學 2.化粧品

425.3　　104025524

am豬頭妹面膜

piggy head

GO！環島去吧！跟著豬頭妹一起

"美是一種簡單快樂生活態度" 可愛的豬頭妹面膜是由台灣設計師親自手繪商品包裝與視覺呈現，帶點可愛俏皮的風格，小時後做了傻事，大人都會輕輕說" 傻瓜 豬頭耶!!! 好喜歡當豬頭妹的那份單純和無憂. 簡也是種幸福。不要想太多可以輕鬆一起做保養, 讓您永遠可以保持愉快開心的心情下每天快樂敷臉呦!!

面膜材質採用的絲纖維比一般棉布纖維更柔和、更光滑，觸感如絲絹般細膩透薄，能緊密貼合臉部輪廓的【天絲】，而且內含有滿滿的精華液，讓你不只是臉部保養到而已，從頭到腳的肌膚都足夠妳擦，讓妳一點也不浪費！！

BE MYSELF BE A DRAMA QUEEN

DRAMMA.Q
旋轉式持久
防水眼線膠筆

眼線膠筆升級版『旋轉式持久防水眼線膠筆』附專屬削筆器，去哪裡只要帶一支筆就足夠，不用擔心筆不尖，隨時補妝隨時擁有自信眼神

做自己，我就是千面皇后，豐富色彩的系列選擇，看似平凡卻令人驚艷，低調中帶點搶眼的高調就是要喚醒女孩們內心中不設限的多面靈魂誕生成為一把打開千面皇后的變身關鍵鑰匙！

DRAMMA.Q
16HR持久防水眼線膠筆

DRAMMA.Q
超激極細奢華
防水眼線液筆

質地溫和不刺激即使畫內眼線也不用擔心。0.1mm打造獨特筆頭，筆觸精準，極細線一筆完成，超顯色微粒科技，讓色彩飽和顯色持久

讀者活動回函

只要您完整填寫讀者回函內容，並於 2016/05/31 前（以郵戳為憑），寄回時報文化，就有機會獲得 貴婦級的保養、讓皮膚發光的「水感肌 國民安瓶」乙組（市價 1680 元）！得獎名單將於 2016/06/15 前於「時報出版風格線」粉絲團公布。

人生再痛也要
堅持美麗
COMMIT TO
BEAUTY

★ 本書哪些章節您覺得最喜歡／實用？
_____

★ 玫萱在人生階段痛過，卻依舊堅持認真生活，讓自己過得精采又美麗。
　 看完本書，對於這樣努力的玫萱，您是否有話對他說？
_____
_____

★ 歡迎分享您的閱讀心得或對本書有任何建議？
_____
_____

★ 請問您在何處購買本書籍？
□誠品書店 □金石堂書店 □博客來網路書店 □其他網路書店 _____
□一般傳統書店 _____ □量販店 _____ □其他 _____

★ 請問您購買本書籍的原因？
□喜歡主題 □喜歡封面 □喜愛作者 □價格優惠
□喜歡購書贈品 _____ □喜歡回函活動禮 □工作需要 □實用
□其他 _____

★ 您從何處知道本書籍？
□一般書店 _____ □網路書店 _____ □量販店 _____
□報紙 _____ □廣播 _____ □電視 _____ □網路媒體活動 _____
□朋友推薦 □其他

歡迎加入「時報出版風格線」粉絲團
https://www.facebook.com/bookstyle2014/?fref=ts

（請務必完整填寫，以便贈禮寄送）　**讀者資料**

姓名：_____ □先生 □小姐
年齡：_____ 職業：_____
聯絡電話：(H)_____ (M)_____
E-mail：_____
地址：□□□ _____

【水感肌 國民安瓶】 市價：1,680 元

女星水感美肌大解密 X 淨白水感嫩肌

救急補水保濕光潤
保濕 彈力 修復多效合一
讓皮膚會發光的「國民安瓶」
貴婦級的保養 小資女級的價格
立即保濕 修復乾燥肌膚淨白

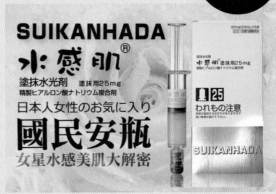

※ 請對摺後直接投入郵筒，請不要使用釘書機。

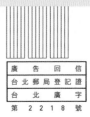

廣　告　回　信
台 北 郵 局 登 記 證
台　北　廣　字
第　2 2 1 8　號

時報文化出版股份有限公司

108 台北市萬華區和平西路三段 240 號 7 樓

第三編輯部 收